缤纷的昆虫

缤纷的昆虫

地球上最多样而庞大的动物群体

[美]迈克尔·S.恩格尔（Michael S. Engel） 著

黄正中 译

重庆大学出版社

图书在版编目（CIP）数据

缤纷的昆虫 / (美) 迈克尔·S. 恩格尔
(Michael S. Engel) 著；黄正中译 . -- 重庆：重庆大
学出版社, 2023.4
（自然的历史）
书名原文：Innumerable Insects
ISBN 978-7-5689-3612-5

Ⅰ. ①缤… Ⅱ. ①迈… ②黄… Ⅲ. ①昆虫—普及读
物 Ⅳ. ① Q96-49

中国版本图书馆 CIP 数据核字 (2022) 第 235955 号

版贸核渝字（2019）第098号

缤纷的昆虫
BINFEN DE KUNCHONG

[美] 迈克尔·S. 恩格尔 著

黄正中 译

责任编辑　王思楠
责任校对　王　倩
责任印制　张　策
装帧设计　周安迪
内文制作　常　亭

重庆大学出版社出版发行
出版人　饶帮华
社址　（401331）重庆市沙坪坝区大学城西路 21 号
网址　http://www.cqup.com.cn
印刷　北京利丰雅高长城印刷有限公司

开本：720mm×960mm　1/16　印张：14　字数：308千
2023年4月第1版　　2023年4月第1次印刷
ISBN 978-7-5689-3612-5　定价：98.00元

位于纽约市的美国自然博物馆是全球最卓越的科学、教育和文化机构之一。自1869年创立以来，该博物馆就通过广泛的科学研究、教育及展览，践行着使命：发现、阐释并分享有关人类文化、自然世界以及整个宇宙的知识。

每年都有数百万的游客来博物馆的45个永久展厅参观体验，其中包括世界著名的实景模型展厅、化石展厅、罗斯地球与空间中心（Rose Center for Earth and Space）、海顿天文馆（Hayden Planetarium）等。博物馆中的科学收藏包括超过3400万件标本和文物，但其中只有很小的一部分被展出。这些馆藏，对于博物馆的科研人员以及博物馆下辖理查德·吉尔德研究生院（Museum's Richard Gilder Graduate School）的研究生们，乃至全世界的研究者来说，都是无价之宝。

1926年约翰·罗素·波普（John Russell Pope）所绘的美国自然博物馆素描。（该图出自一张手工上色的幻灯片）

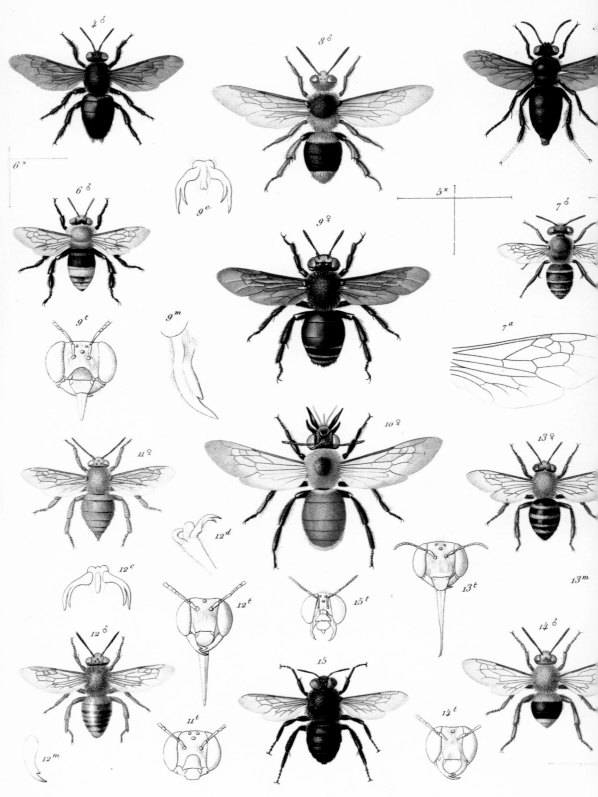

"要问最主要的理由——为何读好书？

那令每位好学者，头脑激荡之物

是希冀于其中寻得欢愉，

或显见的好处。

而眼下又有何种快乐堪比，

探究那'缪斯的小鸟'——神圣蜜蜂之秘密？

本书定将为君一一揭晓。"

——查尔斯·巴特勒[1]（Charles Butler），《女性君主制：或一部蜜蜂史》
（ *The Feminine Monarchie, or the Historie of Bees* ，1609 ）

1　编者注：查尔斯·巴特勒是英国逻辑学家、文法学家、作家、诗人，同时也是一位养蜂人，被誉为"英国养蜂之父"。

目录

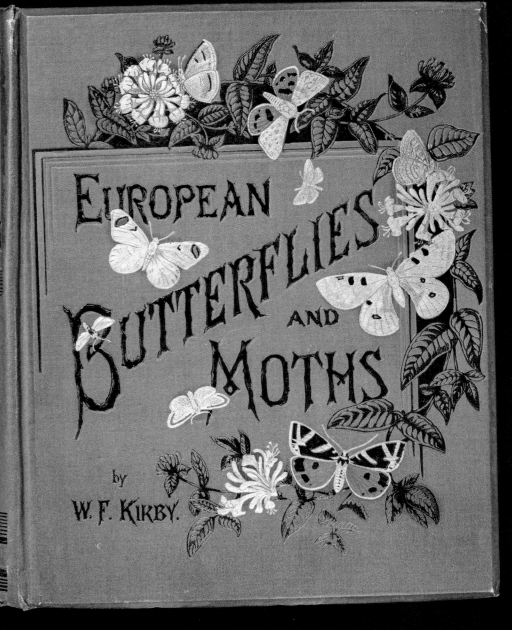

EUROPEAN
BUTTERFLIES
AND
MOTHS

by

W. F. KIRBY.

前言

当美国自然博物馆的图书馆 150 年前开始收集藏书时，我们的使命是建造一座囊括几个世纪来被记载过的自然科学思想及观察的知识库。自 1869 年以来，世事发生了天翻地覆的变化，但是这座图书馆当初的使命却始终如一。有所变化的是，我们理解了与我们共享着这个脆弱星球的每个生命体的重要性，无论其体型是大是小。虽说绝大多数大型哺乳动物和其他较为常见的生物，如今都已为大众所熟知，但如果一名科学家今天还想寻求发现新动物物种，那他只需将目光转向昆虫，因为其中大多数物种仍尚未被描述和命名。一旦这些新的昆虫物种加入已知动物的行列，关于它们存在的记录，将同许多"前辈"一样，被存档于图书馆之中。

有人说，自然科学文献较之于其他学科，有更长久的传承性。从某种意义上来说，确实如此。其中发表的有关物种及其栖息地的描述，将一些信息及时捕捉下来，这是很有价值的。这种通过图片和文字保存下来的信息依旧极为重要，至今仍保有相关性与美感。在我们的藏书中，有数以千计令人惊叹的图文书，其中收录了几十万幅各种昆虫的插图。将于后文再现的那些昆虫简直美得不可方物。除少数例外，本书中的插图都来自美国自然博物馆图书馆的藏书。

这部今时今日的科学著作，几乎仍可完全使用我们所藏古老书稿中的图片作为插图，恰恰证明了那些画作永恒的价值。

通过购买和获得捐赠，我们的藏书量也在逐年增加。藏书者通常都是爱书成痴的，其中有一位格外慷慨的也不例外。当博物馆得知某位重要而且眼光独特的收藏家，在遗嘱中指明要将手中的昆虫博物学书籍和昆虫标本赠予博物馆的时候，我们非常兴奋地从他家中接收了包含几千份珍贵书稿和昆虫标本的宝藏。有趣的是，整栋房子到处都塞满了收藏，就好像它们直到最后，仍在满足着收藏家的好奇心。

这本《缤纷的昆虫》，不仅令人大饱眼福，也满足了人们的好奇心，去思考由博学擅写的科学家兼学者兼作家迈克尔·恩格尔展示给我们的寓言和事实。昆虫如此之小，或许对于我们人类来说是件幸事。它们的数量，超过了其他所有物种的总和。就它们所具有的超能力而言，如果其体型再大几个数量级，它们将毫无疑问主宰我们整个星球。目前全球只有五分之一的昆虫为学界所知，所以，还有更多具有惊人能力的昆虫有待我们去发现。如果说《缤纷的昆虫》是一本关于已知昆虫的启蒙读本，那么对于我们尚不知晓的那些，就只有展开想象了。

汤姆·拜恩（Tom Baione）
美国自然博物馆学术图书馆服务部，
哈罗德·伯申斯坦主任（Harold Boeschenstein Director）
2018 年 3 月

对页：图为 W. F. 科尔宾（W. F. Kirby）所著《欧洲的蝴蝶与蛾子》（*European Butterflies and Moths*，1889 或 1882）
一书精美的封面，该书是美国自然博物馆善本库收藏的昆虫学书籍之一，其中的插图令人赞叹。

Aug. Ioh. Röſel fec. et exc.

引言
无穷无尽的昆虫

这很有可能是个杜撰的故事。英国著名进化生物学家 J. B. S. 霍尔丹（J. B. S. Haldane，1892—1964）在出席一次正式晚宴时，正好坐在坎特伯雷大主教身边。这位可敬的牧师问他，通过研究造物主的杰作，对上帝可有何认知？霍尔丹感叹道："他过于偏爱甲虫。"

尽管这段对话是否真发生过尚且存疑，但我们不能否认，昆虫确实多得超乎想象。事实上，假如你去观察地球上的所有生物，那么最终难免会得出这样的结论：大自然对这些六条腿的小东西有着异常的喜好。迄今为止，我们在全世界已经发现、描述并且命名了大约 200 万种生物，其中超过一半的物种都是昆虫。每年还有几千种新的昆虫加入这个行列，当新的鸟类或者哺乳动物被发现时，都会被媒体报道，但大量新发现的昆虫却往往全被忽视。殊不知，昆虫和其他任何物种一样，与我们的生活息息相关；并且在许多方面，较之于大多数其他生物，与我们的关系更加复杂，对我们的日常生活也更重要。昆虫是如此普通，以至于我们很少注意到它们，就像我们很少会意识到自己的呼吸一样。无论我们是否意识到，我们每天在生活中的确都与昆虫厮混在一起。它们总是在我们脚下，我们头顶；在我们的家中，我们玩耍和工作的地方；虽然我们可能不愿多想，但它们也在我们的食物和垃圾中。

昆虫对于我们来说，既熟悉又陌生，它们普遍极其微小的体型和在各种文化中普遍负面的形象，使得人们对它们大多并无好感。但自人类文明诞生伊始，我们的成败就与昆虫紧密相连了。这些很容易被忽略的六条腿的小家伙，左右着战争的走向、领土的扩张，从而导致了文明的兴衰。我们的神话和宗教里，存在着大量有关昆虫的记载，要么是愤怒的神降于人世的惩罚，或者是关于昆虫兢兢业业的寓言，例如《圣经》箴言第 6 章第 6 节写道："懒惰人哪，你去察看蚂蚁的动作，就可得智慧。"在纹章学里，它们也代表着高贵。从来自 17 世纪罗马巴贝里尼家族纹章上的三只蜜蜂，到法兰克国王希尔德里克一世（Childeric I）的金蜜蜂，后者后来在拿破仑皇帝（1808—1873）的长袍和徽章上分外夺目。

（对页图） 这是一幅展示昆虫多样性以及它们与植物关系的插图，包括一些水生甲虫、一只大型的锹甲，在画面的上方有一只蜻蜓、一只正在跳跃的蝗虫、一只小型的黄蜂、一只苍蝇和一只瓢虫。正中央的锹甲很显然是在向 17 世纪的荷兰微型画画家雅各布·赫夫纳格尔（Jacob Hoefnagel）致敬。[该图出自奥古斯特·约翰·罗塞尔·冯·罗森霍夫（August Johann Rösel von Rosenhof）的《昆虫自然史》（*De natuurlyke historie der insecten*，1764—1768）]

（上图） 红衣主教安东尼奥·巴贝里尼（Antonio Barberini，1607—1671）雕像的部分细节，展示了巴贝里尼家族纹章上的三只蜜蜂。

无论是蝴蝶轻飞曼舞、蜜蜂嗡嗡成韵，抑或是蟋蟀窸窸窣窣、苍蝇吵闹不停，形形色色的昆虫总能使我们或害怕，或厌恶，或舒心，或钦佩甚至是愉快。我们和昆虫之间，有一种又爱又恨的关系，例如我们不得不从它们嘴里保全我们的庄稼；另一方面，它们又是这些农作物极为重要的传粉者；它们可利用我们的垃圾，耕耘我们的土地，但是它们同样也会闯入我们的家中搞点小破坏；它们因传播瘟疫和带来蝗灾而臭名远扬，但同时它们也能治愈疾病。不仅如此，昆虫还可以为我们的布料和食物染色，改变我们的大气和景观，启迪我们的工程和建筑设计，激发伟大的艺术创作灵感，甚至帮我们消灭其他害虫。它们的数量超过其他所有物种的总和，且许多独特的昆虫，在某些方面甚至让

（上图）雅各布·赫夫纳格尔在他《昆虫的多样性》（*Diversae Insectarum Volatilium Icones*，1630）一书中呈现的一幅"各色昆虫粉墨登场"式的开篇题图版画。雅各布将他同是艺术家的父亲约里斯的昆虫绘画雕刻成图，并将它们精确而美妙地对称排列，被后世的许多艺术家模仿。

（下图）赫夫纳格尔另外一幅来自《昆虫的多样性》一书的精美版画，展示了炫目且看似变化无穷的昆虫，这本书很长一段时间都令博物学家和艺术家们着迷。

我们人类相形见绌。这么看来，地球可以说是属于昆虫而不是人类的了。我们人类的演化，无论物质上的还是精神上的，都和昆虫密切相关，它们既是害虫也是施惠者。假如人类明天就从地球上完全消失，我们的星球并不会失去生机，反而会依然欣欣向荣。但如果昆虫们彻底离开，那么地球很快就会变得委顿、充满毒气而最终消亡。考虑到所有这些，我们却未对身边这些形形色色的"邻居们"报以更多的感激之情，真是匪夷所思。

据粗略估计，现有的昆虫物种总数在 150 万～3000 万种之间，另有一个保守且比较现实的估计值是 500 万种左右。500 万这个数字，意味着我们对身边昆虫的多样性仍远不够了解，到目前为止，昆虫学家们仅仅描述了其中五分之一的昆虫。考虑到昆虫作为陆地生命中最古老的谱系之一，历史可追溯到 4 亿多年前，这项艰巨任务就更加令人生畏了。经历了岁月的洗礼和

灾难的考验，昆虫繁衍着，也灭绝着，但是依
旧活跃在地球舞台上。如果今天 500 万这个数
字已经让你觉得不可思议，那么历史上可能存
在过上亿种昆虫这个事实，则会让你更加震惊。
在整个生命史上曾经存在过的大多数物种，如
今都已灭绝，所有在地球上存在过的物种中，
可能有 95% 乃至更多的物种已然消失。尽管如
此，昆虫仍然构成了一条绵延不绝的血脉，从
第一个原始昆虫物种问世起，直到发展至今天
栖息于我们周围的这类目以百万计的昆虫大军。
在生存与灭绝之间，演化的舞台上有过无数的
表演者，虽然很多物种的演出已经谢幕，但是
昆虫这一整个类群的巨大成功，在地球近 40 亿
年的生命历史中，是前所未有的。

作为人类，我们吹嘘着自己的成就（我们
确实有很多了不起的成就），但是作为物种来说，我们很脆弱——也许是适
应能力最低的物种之一。我们已经占据了整个世界，但并不是通过适应各种
环境的方式，而是基于自身需求打造栖身之所。我们能够在地球的极地内生
存，但靠的是建造为我们创造生存微环境的居所。我们能够在沙漠地区生存，
但通常依靠空调设备来模拟我们相对狭窄的气温耐受范围。是的，我们可以
认为，依据人类自己的喜好来重塑自然是我们的成功之处；但是，自然界中
还有其他衡量成功的方式，出于人类的狂妄自大，我们才认为自己是地球生
物谱系中的至高无上者。

实际上，昆虫到处都是，甚至在那些最荒凉的角落也有它们的身影。从
冰封极地到赤道的沙漠和雨林，从高耸的山峰到地下的洞穴，从海岸到草原、
平原和池塘，我们都能发现成群的昆虫。它们唯一没能成功征服的地方是海
洋，在那里昆虫显然是缺席了。

昆虫的数量远超过我们人类。它们分节的身体结构非常灵活，能够在
短时间内发育成熟并且快速繁殖下一代，因此自然灭绝率很低，这使得昆虫
的演化大获成功，使我们更为熟悉的恐龙和哺乳动物时代都黯然失色。昆虫

（上图）石榴上的南美提灯蜡
蝉（Fulgora laternaria，俗称
提灯虫）和一只知了（Fidicina
mannifera），石榴的果实是由
西班牙探险者引入到美洲大
陆的。[该图出自玛利亚·西
比拉·梅里安（Maria Sibylla
Merian）的《苏里南昆虫的繁
衍奇迹》（Over de voortteeling
en wonderbaerlyke veranderingen
der Surinaemsche insecten），是
她 1705 年的著作《苏里南昆
虫变态发育》（Metamorphosis
Insectorum Surinamerisium）的
1719 年荷兰语版本]

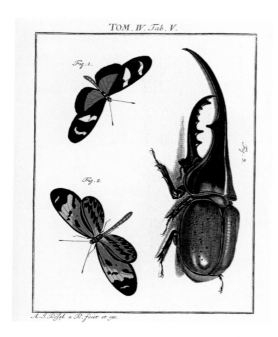

TOM. IV. Tab. V.

Fig.1.

Fig.2.

Fig.3.

A.I.Rösel a R.fecit et exc.

（上图）昆虫拥有令人惊叹的外形，或轻盈精致如蝴蝶，或笨重威武如甲虫。（该图出自罗塞尔·冯·罗森霍夫的《昆虫自然史》）

是最早登陆的动物之一，也是第一个能够飞翔、歌唱、伪装自己、拥有社会性、发展"农业"以及使用抽象语言的种群。在人类出现并实现这些成就之前，昆虫已经这么存在了没有上亿年也有几千万年了。今天各种各样的昆虫都是最大幅度的物种多样化所产生的后代。

这就是影响我们世界的那些小家伙们的故事，它们无处不在。而这些故事也通过过去很多伟大的作品展现于我们面前，描绘、记录了许多我们在昆虫学上的发现。虽然这本书中展示的很多都是古籍，但其包含的信息在很多方面对于当代的研究也是至关重要的。当今如果仍有人认为老的就是不好的，或者老的就是糟粕、虚构以及无用的，那真是荒谬绝伦。事实上，100年前乃至更久以前的文本和图片中所包含的人类对自然界的观察以及其准确性，可能都超过了我们今天的一些记录。即便是古老的知识也与我们当今的世界息息相关。例如在2015年，人们从仅存的一份9世纪医学文献《药用植物》（*Medicinale anglicum*）中发现一种天然处方，能够比我们当代医药更好地治疗耐甲氧西林金黄色葡萄球菌（*Methicillin-resistant strains of Staphylococcus aureus*，MRSA）所引起的疾病。类似的例子还有法国外科医生保罗·F. 塞贡（Paul F. Segond，1851—1912）关于人体膝关节的解剖研究，帮助我们当代的医生在2013年重新发现了一条完整的韧带，这条韧带对于稳定膝关节起着至关重要的作用，也证明了即便是世界上被研究得最深入的生命体——也就是我们人类，相关的"老"资料仍然至关重要。

有时我们关于某种生物仅有的一手资料，可能只存在于那些稀有的书籍之中，例如渡渡鸟或大海牛（Stellers's sea cow，又称斯特拉海牛）。而在昆虫中，有很多物种在探险家们第一次遇见它们之后很长的一段时间里，几乎就没人再见过，那些仅存于书本上的对它们外观和生活习性的描述，可能就是我们与这些生命唯一的联系，因为在我们碰巧再次发现它们之前，它们可能早已灭绝了。

那些年代久远、已经很难再找到原件的重要著作，向我们揭示了科学领域中信息传播和艺术表现的演变过程，以及我们自己对这个世界的看法和解释，同时也告诉了我们，昆虫的多样性是多么丰富。与今天不同的是，在过去出版书籍是相当困难的，需要有坚定的信念。要想准确描绘那些物种，让它们显得栩栩如生，需要作者具备相当了得的技巧。为鲜明阐述一处论述，人们可以将图像刻在木头上，然后将图案转印到纸上。再后来，凹版印刷靠的是刻在铜片上的图像，然后用墨水浸没凹槽将图画印在对开页上。随后产生的平版印刷，无论是用金属还是石灰岩，都是在这些方法的基础上进行改进，成为文本印刷的标准。我们可以想象，这种方法的容错率很小，并且只有当图像印刷到页面上之后，才会开始着色的过程。整个书籍出版的过程可能长达数年之久，具体取决于图画的数量和出版的册数。这些辛劳换来的成果，是伟大学识与崇高艺术表现力的结合。其中的图像并非仅仅是装饰，而是科学信息独特的来源。很少有机构图书馆像美国自然博物馆这样幸运，能在同一地点拥有如此大量的昆虫学杰出人物的作品。这些关于昆虫的珍稀著作涵盖的范围，就像昆虫本身一样无穷无尽，所以我们理应让这些书来讲述昆虫演化的故事。

（上图）一册绘制着若干螳螂品种的对开本，来自亨利·德·索绪尔（Henri de Saussure）的《对多足动物和昆虫的研究》（*Études sur les myriapodes et les insects*，1870），拍摄于美国自然博物馆的对开本善本室。

（下页图）一座装满来自昆虫世界自然奇珍的收藏柜。[该图出自列维鲁斯·文森特（Levinus Vincent）的《自然奇珍之剧场》（*Wondertooneel der nature*，1706—1715）]

Pinacoteca 1.

Nº			Nº			Nº	
Nº1.			Nº1.			Nº1.	
Nº2.			Nº2.			Nº2.	
Nº3.			Nº3.			Nº3.	
Nº4.			Nº4.			Nº4.	
Nº5.			Nº5.			Nº5.	
Nº6.			Nº6.			Nº6.	
Nº7.			Nº7.			Nº7.	
Nº8.			Nº8.			Nº8.	
Nº9.			Nº9.			Nº9.	
Nº10.			Nº10.			Nº10.	
Nº11.						Nº11.	
Nº12.			Nº11.			Nº12.	
Nº13.			Nº12.			Nº13.	
Nº14.			Nº13.			Nº14.	
Nº15.			Nº14.			Nº15.	
Nº16.			Nº15.			Nº16.	
Nº17.			Nº16.			Nº17.	
Nº18.			Nº17.			Nº18.	
Nº19.			Nº18.			Nº19.	
Nº20.			Nº19.			Nº20.	
Nº1.			Nº20.			Nº5.	
Nº2.						Nº6.	
Nº3.						Nº7.	
Nº4.						Nº8.	

Nº1. Nº2. Nº3. Nº4. Nº5.

1

昆虫学
研究昆虫的科学

"对于一个渴望获得知识的人来说，
这恐怕是感受最深的体会：
我们身边最普通的事物都值得我们时刻加以留意。"
——詹姆斯·雷尼（James Rennie），
《昆虫建筑》（*Insect Architecture*，1857）

（右页图）尽管蜘蛛、螨虫、蜈蚣和马陆通常被人们认为是昆虫，但它们其实属于节肢动物门里的不同分支。实际上蜘蛛、蜱螨还有它们拥有八条足的近亲们均属于蛛形纲，而具有多对足的蜈蚣和马陆则隶属于多足纲。这张照片描绘了东非的各种蜘蛛、蜱虫和马陆。[该图出自卡尔·爱德华·阿道夫·格斯塔克（Carl Eduard Adolph Gerstaecker）的作品《卡尔克劳斯男爵的东非之旅》（*Baron Carl Claus von der Decken's Reisen in Ost-Afrika*，1873）]

昆虫学（entomology）是一门以昆虫为研究对象的科学，entomology 这个英文单词源于希腊语"*éntomon*"，意思是"昆虫"，以及"*lógos*"，意思是"研究对象"。如同生物学的许多分支学科一样，昆虫学也是一门古老的科学。在人类文明尚未最终形成之前，我们就从昆虫身上受益了，也差点被它们消灭。早期，我们只把注意力集中在那些对我们有害或者有益的东西上，对昆虫的关注也是如此。养蜂和养蚕是人们在昆虫学上最为古老的尝试，这并不奇怪。8500 年前，利用蜜蜂获取蜂蜜和蜂蜡的做法就已经很普遍了。2007 年，在《圣经》描述为"流奶与蜜之地"（出埃及记 33：3）的以色列，人们发现了一处 3000 年前发达的养蜂业遗址。至少在 8000 年前，西班牙瓦伦西亚的阿拉尼亚洞穴（Araña Caves）里，早期的画家就描绘了人们爬上绳索从悬崖上的蜂巢里取蜜的情景，而来自古埃及王国的壁画证明人们在 4400 年前就已经从事养蜂活动了。至少在 5000 年前，今天中国北方仰韶文化的古人就开始利用蚕茧，生产出时至今日仍广受人们喜爱的丝绸。

节肢动物门

尽管我们与这些生物有着漫长的交往历史，但今天人们仍然搞不清什么是昆虫，什么不是昆虫。昆虫是节肢动物里的一个大类群，后者正规的名称叫节肢动物门。节肢动物的确很古老，至少可以追溯到 5.4 亿年前的寒武纪早期，是从主要动物谱系上最初分化出来的一支。节肢动物容纳了

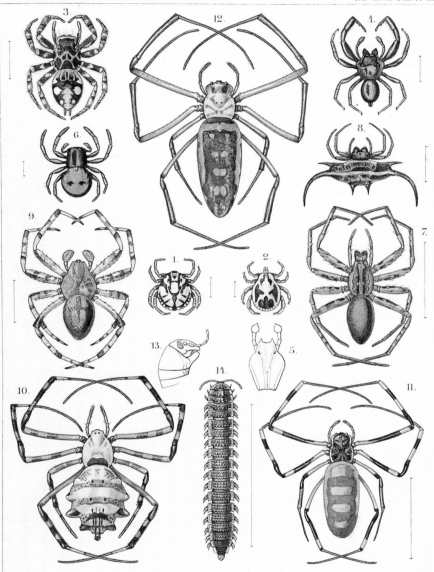

1. Amblyomma eburneum. Gerst. 2. Dermacentor pulchellus. Gerst. 3. Plexippus nummularis. Gerst.
4. Phidippus bucculentus. Gerst. 5. Deinopis cornigera. Gerst. 6. Stiphropus lugubris. Gerst.
7. Phoneutria decora. Gerst. 8. Gastracantha resupinata. Gerst. 9. Epeira haematomera. Gerst.
10. Argyope suavissima. Gerst. 11. Nephila hymenaea. Gerst. 12. Neph. sumptuosa. Gerst.
13. Spirostreptus macrotis. Gerst. 14. Polydesmus mastophorus. Gerst.

Tieffenbach px et sc

极大的物种多样性，包括从蜘蛛、蝎子到马陆、蜈蚣再到螃蟹、虾和龙虾等。而其中数量最多的类群还是昆虫，有时，上述物种及其近缘物种也被大略归入了昆虫的范畴。例如，普通人常常认为昆虫涵盖了蜘蛛及其近亲，甚至认为马陆和鼠妇（或被称为潮虫）也是昆虫。事实上，这些都属于节肢动物的其他类群而不是昆虫，有着专门的研究领域。例如蜘蛛属于蛛形纲，和蝎子、螨虫、蜱虫及其近亲一样，都是蛛形动物学的研究范畴；马陆则属于多足动物学的研究对象；而潮虫，别看名字里有个"虫"字，实际上却属于甲壳纲，和昆虫相比，它与螃蟹、龙虾的亲缘关系更近。

节肢动物是一类具有几丁质外壳的动物，其外壳是一套盔甲，在需要运动的地方有关节。节肢动物的英文写法是 arthropod，其字面意思是"具有关节的足"（来源于希腊语，"*árthron*"意思是关节，而"*poús*"或者"*podós*"的意思是足、脚），指代那些使几丁质身体得以运动的必要关节。肌肉则着生在这些外骨骼内部，以提供支撑和运动。而肌肉和外骨骼共同充当了内脏的支架。节肢动物的身体构造有点像脊椎动物颠倒过来的样子。我们的脊索神经系统靠近背部而心脏处在腹侧，节肢动物则是腹部具有神经系统，而其主动脉或被称为开放式的"心脏"则靠近身体的背部。就这点而言，我们的神经系统和心脏的位置与节肢动物刚好相反。

坚硬的外骨骼限制了节肢动物的生长，因此它们必须周期性地蜕皮。旧

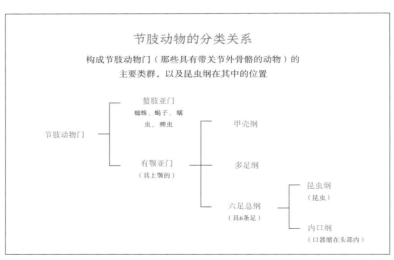

节肢动物的分类关系

构成节肢动物门（那些具有带关节外骨骼的动物）的
主要类群，以及昆虫纲在其中的位置

节肢动物门 ── 螯肢亚门
蜘蛛、蝎子、螨
虫、蜱虫

有颚亚门
（具上颚的）

甲壳纲

多足纲

六足总纲
（具6条足）

昆虫纲
（昆虫）

内口纲
（口器缩在头部内）

的外壳脱落，被新的、更大的外壳所
取代，使得节肢动物能够一生不停生
长而不受起保护作用的外骨骼限制。
节肢动物完全依靠其外骨骼来感知外
部世界，并且演化出许多不同形式的
感知方式，从视觉和听觉，到化学和
机械感受器。作为节肢动物中种类最
多的类群，昆虫是展示节肢动物感受
器的最佳示例。其中一些感受器官为
人们所熟悉，例如苍蝇大大的复眼，
或者蛾子那羽毛似的触角；另一些例
子则或许超出了我们意料，就像是被
错误地安在了身体上。例如，蟋蟀的
"耳朵"虽然像我们的耳膜一样是一小
片膜质结构，但却长在了腿上而不是
头部两侧。其他昆虫的"耳朵"可能
分布在身体各个不同部位，如某些蛾

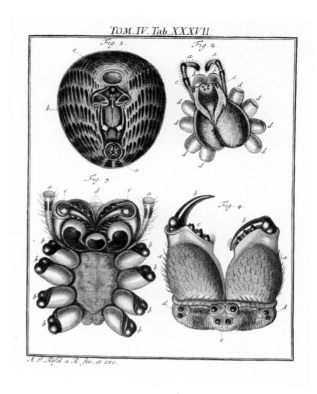

子的"耳朵"长在腹部，某些螳螂的"耳朵"长在胸部，一些草蛉的"耳朵"
甚至长在了翅膀上。几乎所有昆虫都具有一层微小、纤细的角质层，表面看
上去类似于哺乳动物的毛发，但是这些物质在昆虫中被称为"刚毛"，具有
多种用途。一些刚毛上有细小的孔，可以识别环境中的特定化学物质。这些
化学物质分布在空气中或者物体表面，通过刚毛被昆虫闻到或者是尝到。例
如苍蝇的"毛发"或者蛾子"毛茸茸"的触角，都属于刚毛。

今天的节肢动物主要包括四大类生物，它们被正式归类为螯肢亚门、甲
壳纲、多足纲和六足总纲，昆虫属于最后一类。蜘蛛、蝎子、蜱、螨、盲蛛
以及它们的近亲都属于蛛形纲，其特征是具有八条足且没有触角。这些类群
和马蹄蟹（压根就不是螃蟹！中文名为鲎）一起构成了螯肢亚门。螯肢亚门
的命名源于其分类特征——一对尖锐的螯肢。甲壳纲就几乎不需要介绍了，
它的名字本身就能让我们顿时想起在普通海鲜餐厅里能找到的许多种生物。
甲壳纲动物包括螃蟹、龙虾和虾，以及不那么可口的磷虾、藤壶、桡足类动

（上图）蜘蛛和它们的近亲虽
然没有昆虫那样的上颚，但取
而代之的是一对令人印象深刻
的锋利螯肢，如图中右下所示，
螯肢向上方伸展，下方是有 8
只眼睛的面部。从图左上角顺
时针方向依次是：腹部的腹面
观、去除了腿的头胸部、螯肢
的面视图，以及去除了腿的头
和胸的腹面观。（该图出自奥
古斯特·约翰·罗塞尔·冯·罗
森霍夫的《昆虫自然史》）

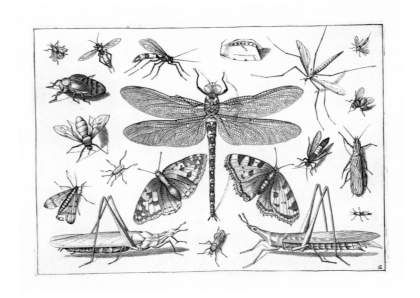

物和鼠妇。而马陆、蜈蚣与比较鲜为人知的少足纲和综合纲，则共同组成了多足亚门，其最突出的特征便是沿着细长身体排列的那无数对步行足。螯肢亚门的动物用一对螯肢来取食，而甲壳纲、多足亚门和六足总纲动物的主要进食工具则是颚，一组独特的颌部结构。多足亚门和六足总纲的动物有共同的呼吸方式，其体内都具有一套叫作"气管"的细小管状网络，由外骨骼形成，可使氧气在其体内被动移动。

真正的昆虫

正如其名所指，六足总纲（Hexapoda）是节肢动物门中那些具有三对足的生物。在希腊语中"*hexa*"是"六"的意思，而"*podos*"代表"足"的意思。它们还有一个特征使之与其他节肢动物相区分——体躯分为头、胸、腹三部分，每一部分具备一个主要功能：头部主要用来感受，包括视觉和味觉等；胸部的主要功能是运动；而腹部则容纳着内脏，包括了消化、排泄和生殖功能。也许这么说会令很多人惊讶，但是六条腿与分为三部分的身体结构并不能用来定义昆虫。虽然昆虫是具备上述特征的六足总纲物种，但还有

缤纷的昆虫

另一种六足总纲的动物也具有同样的特征。六足总纲包括了真正的昆虫，也就是昆虫纲，以及其现生的近亲——内口纲（Entognatha）。内口纲是一类体型非常小且没有翅膀的动物，其口器着生在头内部的腔室里，使它们外表看上去皱皱巴巴。它们的名称来源于希腊语，其中"*entos*"的意思是"内部的"，"在……之内"；而"*gnathos*"的意思是"下巴"，因此合起来便是口在下巴之内的意思，指的是这类生物的口器藏于头部内。

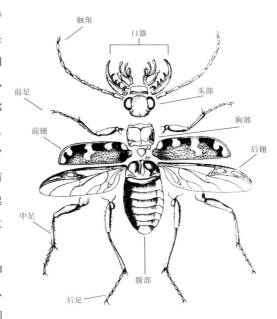

（上图）昆虫的身体构造，这里展示的是一只虎甲，由三个主要部分组成：头部、胸部和腹部。[该图出自乔治·沃尔夫冈·弗兰兹·潘泽尔（Georg Wolfgang Franz Panzer）的《德意志昆虫志》（*Deutschlands Insectenfaune*，1795）]

如果我们不能靠腿的数目将昆虫和内口纲生物区分开来的话，那么究竟什么才是昆虫呢？简单来说，区别在于它们的口器、产卵方式和触角内的感受器（参考右图昆虫的身体结构）。昆虫的口器是外露的，区别于内口纲，这点和多足纲、甲壳纲及蛛形纲相似。因此，我们往往很容易看到昆虫的上颚及另外两对附肢，被称为下颚和下唇，它们共同组成昆虫的口器。昆虫的上颚并不互相连接，而紧贴其下的下颚则是一组相连接的结构，可以轻松地处理食物。再往下方，是一组表面看起来就像第二对下颚的结构，但沿其中线合并成了一个完整构造，这就是下唇，它的作用相当于为上述口器附肢闭合形成的空间提供一个底座，并可协助昆虫用嘴衔住并处理物体。

除了口器外露之外，真正的昆虫在身体后端还有一套产卵器。顾名思义，这种结构用于产卵，因此只存在于雌性身体上。大多数昆虫的产卵器类似于一根长管，其外观正是影响昆虫进化的一个重大特征。产卵器使得昆虫能够精心地放置它们的卵，包括将卵产在隐蔽的位置，以便提高其存活率。如此看来，产卵器可能也是帮助昆虫获得全面成功的重要特征之一。

另一个定义昆虫的特征就有点不起眼了，它是存在于昆虫触角内的弦振器。这个结构是由昆虫触角梗节（第二节）的碗状感受细胞簇组成的，其对触角其余部分的运动高度敏感。这个器官被称为江氏器（Johnston's organ），

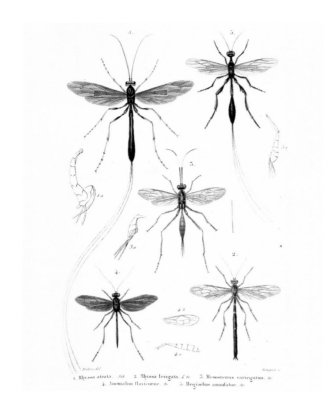

以其发现人克里斯托弗·江士敦（Christopher Johnston，1822—1891）命名。他本人生前是马里兰大学的外科教授。当触角移动时，江氏器能够检测出这种移动是重力引起的，还是由物理或声学振动引起的偏转。这个看似微不足道的举动，实际上对昆虫有着广泛而重大的影响，因为这个器官的存在大大扩展了昆虫的感知能力。江氏器对各类运动的精妙探测和辨别，被昆虫用于一系列功能之中，从协助飞行稳定性，到探测附近空气中由压力改变而引起的振动。例如，一些苍蝇可以利用江氏器探测附近昆虫振翅的频率，甚至可以确定这些振动是否是由求爱的雄性产生的。当然，还有另外的特征可以将昆虫与其他节肢动物区分开，但是这些特征就要比以上这些模糊得多了。

（上图）在一些昆虫身上，例如某些寄生蜂，产卵器往往特别显眼，甚至比昆虫身体的其余部分还要长。图中展示的是寄生性蜂类的姬蜂科（Ichneumonidae）和冠蜂科（Stephanidae）；雌性姬蜂［左上角，暗黑马尾姬蜂（Megarhyssa atrata）］和冠蜂［右上角，安努大腿冠蜂（Megischus annulator）］的产卵器，从它们的腹部末端伸出。［该图出自圣法尔戈伯爵阿梅代·路易·米歇尔·勒佩莱蒂埃（Amédée Louis Michel Lepeletier，comte de Saint Fargeau）的《昆虫自然史》（Histoire naturelle des insects，1836—1846）］

　　昆虫学要面对的最大挑战之一，看上去似乎很简单，不过就是记录那些现存的昆虫，研究在哪能够发现它们，探究它们的亲缘关系，并尽可能了解其生物学特性而已。但是考虑到昆虫物种数量是如此庞大，你就知道这不是一个简单的工作。自然界中，可能还有 400 万甚至更多个昆虫物种仍等待我们从全世界不同类型的栖息地去发现，每一种都能向我们展示有关昆虫演化更为宏大的图景。的确，昆虫学面临着一个尺度问题。如果全世界有 1000 名鸟类学家，意味着每位专家只需要研究 10 种不同的鸟类，就可涵盖全球所有的鸟类；而对于 1000 名昆虫学家，每人则需负责上千种昆虫。昆虫种类的绝对数量之大，除非与其他动物做比较，否则人们往往没有什么概念。例如，全世界有超过 60 000 种象甲，超过 20 000 种的蜜蜂，大约 18 700 种蝴蝶；而鱼类的数量是 30 000 种左右，鸟类近 10 000 种，哺乳动物有 5400 种左右。就我们现在掌握的数据而言，象甲的物种数量是所有鸟类物种总

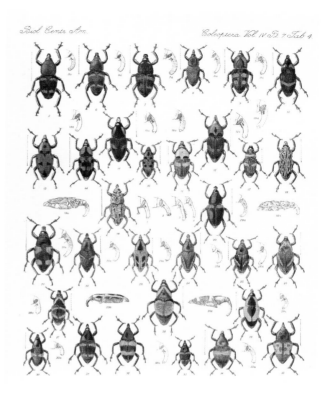

（左图）产自非洲的各种甲虫（最上和最下一列），
两只蜜蜂（左：圆腹无垫蜂，*Amegilla circulata*；右：
阿米毛带蜂，*Pseudapis amoenula*）和中央的一只巨
大的蛛蜂（巨型半蛛蜂，*Hemipesis prodigiosa*）。（该
图出自格斯塔克的《卡尔克劳斯男爵的东非之旅》）

（右图）一组来自热带区的象甲，隶属于橘象科
（Dryophthoridae）。[该图出自《中美洲生物志：昆
虫纲·鞘翅目》（*Biologia Centrali-Americana. Insecta.
Coleoptera*，1909—1910）]

和的 6 倍；而且，与鸟类相比，象甲的新物种发现速度是如此之快，以至于
有昆虫学家估计，昆虫纲中仅仅这一个总科的物种数量就可能超过 20 万种！
白蚁只是昆虫中一个较小的类群，但也有 3100 余种，几乎和所有哺乳动物
的多样性相当了。以上种种，不过触及了令人惊叹的昆虫多样性的冰山一角，
而且还有数不清的新物种有待我们从森林、沙漠、平原甚至溪流中去发现，
简直无穷无尽！

（下页图）《普通生物形态
学》（*Generelle Morphologie der
Organismen*，1866）一书中的
局部细节，由著名的德国博物
学家恩斯特·海克尔（Ernst
Haeckel，1834—1919）所著。

nes.

pneumo=
nes

Sedan=
tariae

pneumo=
nes

Opilio=
nida
(Phalangia)

Araneae

Acara

Panto=
poda
(Pycno=
gonida)

Arctisca
(Tardi=
grada)

Pseudo=
scorpi=
oda

Phrynida
(Tarantulae)

Solifugae
Solpugida

Ortho=
ptera

ptera   *ptera*   *ptera*

Neuro=
ptera

Pseudo=
neuro=
ptera

Sug

Toco=
ptera

Mastic

Myriapoda

Diplopoda   *Chilopoda*
Chilognatha   *Syngnatha*

Jnsec

Crustacea (Carides)

Arachnida
Protracheata

Myriapoda

An

ostraca

Eury=
pterida

Brachy=
ura

Macrura

Anom=
ura

Euca=
rida

Edrioph=
thalma

Amphi=
poda

Jso=
poda

Tracheata

Chaetop

Vagan=
tia

Tubi=
colae

Chaeto=
poda

Gymno=
copa

Xiphosura

Poecilopoda

Decа=
poda

Stoma=
topoda

Halo=
scolecita

Phyllo=
poda

Schizopoda
Mysida

Anne=
lida

Branchi=
opoda

Podoph=
thalma

Malacostraca
Zoëpoda

Trache=
ata

Nemat=
elminthes

Chaeto=
gnathi
(Sagittae)

Copepoda

Sipho=
nostoma

Euco=
pepoda

(Zoëntoma)

Nemat=
elminthes

Nema=
toda

stracoda

prido=
morpha)

(Zoëpoda)

Zoëa

Scole

straca

Cirri=

2

应对多样性

"我听说有的名人雅士宣称，他收藏了 40 000 种昆虫，
那么全球所有昆虫的总数，又该是多么庞大啊！"

——威廉·科尔宾（William Kirby）和威廉·斯彭思（William Spence）
《昆虫学导论》（*An Introduction to Entomology*，1826）

我们在生活中首先要做的事情之一，就是对周围的世界进行分门别类。我们学会如何去识别和标注对我们的幸福至关重要的人和物，这一分类的过程贯穿于我们一生。毫无疑问，我们学会的第一个词，就源于一种命名和分类的行为——妈妈或爸爸。同样的，人类自幼年起就试图给世间万物贴上标签和排序，给每个物体起一个独一无二的名字，以便我们能够有效地与他人交流。名字为我们的宇宙万物赋予了意义，可以说，分类是人类生存的基础。我们的分类可以是人为的，主观的，仅仅为了方便；它也可以是自然的，客观的，反映出自然界发生的历史或物理过程。我们把星星编成星座，虽然这些图案并不存在于自然的天空，但却反映出不同地域和文化对我们认知星空所产生的影响。与此相对地，我们也根据影响星系形态的物理规律对其进行分类，例如螺旋或是椭圆；或者基于分子量和相关性质，排列化学元素。我们天生的分类本能使我们可以处理和整合信息，促进有效的交流，最终能形成可验证的预测。

当一个人凝视大自然的时候，丰富多彩的生命形式往往使人应接不暇，又显得混乱不堪，尽管如此，人们还是发现了其中的秩序。演化的过程会自然产生出基于生物特征的层级结构，基于这些层级，人们可以区分嵌套在一个类群里的其他类群。亲缘关系很近的物种可以归为一个属，所有起源于一个最近的共同祖先的属，可以归为一个科，科归于目，目归于纲，纲归于门，门归于界。这就是著名的林奈分类系统的规范分级，由伟大的生物命名法之父卡尔·林奈（Carl Linnaeus，1707—1778）提出，我们每个人都在小学时学过，但又常常忘记。

（下页图）玛利亚·西比拉·梅里安的《苏里南昆虫的繁衍奇迹》扉页插图，描绘了一名妇女和天使般的孩子们正在欣赏（甚至像是在争抢）一批标本。透过一扇用新古典主义建筑元素装饰的巨大窗户，可以看到苏里南的自然世界。

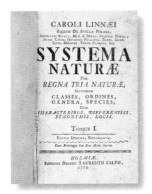

林奈是一名瑞典的植物学家和内科医师，虽然他不是第一个致力于给所有物种建立大型分类体系的人，但他却是第一个提出一套统一且结构化的方法，用于将物种间特征的多样性归入一个自然系统的人。他简化了生物的命名，每个物种都有一个双名以表示其属和种，比如我们人类的学名就是 *Homo sapiens*[1]。双名命名法的应用，和林奈分类系统中的物种排列，共同提供了一套关于自然世界的标准沟通方式，使每个物种都有了属于它的特定位置。在此之前，两位学者很难确定他们在讨论的是否为同一个物种，而林奈的系统使得信息的传递更加严谨。这看似微不足道，但是当人们面对有毒或可食用的物种差异时，面对一个可能治愈疾病的物种和一个可能构成威胁的物种时，能否准确表述物种名称，就显得生死攸关了，因此我们首先要做的是就我们所讨论的达成共识，并基于共识确定一个物种的正式名。正如林奈的名言所说："如果你不知道名字，那么你的认知终将佚失。"其实在某种程度上，林奈是站在了那些进行昆虫学观察记录的先贤们的肩膀上。要知道，这个进程延续了数千年时间，一路受到各种错误的起点与挫折所阻碍，才进化出了它自己的范式。

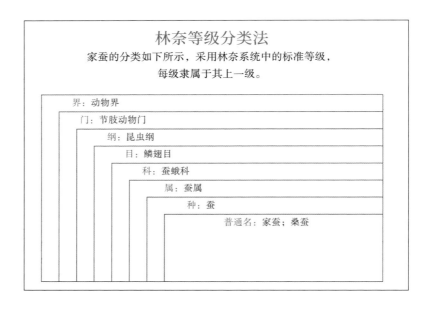

林奈等级分类法
家蚕的分类如下所示，采用林奈系统中的标准等级，
每级隶属于其上一级。

界：动物界
门：节肢动物门
纲：昆虫纲
目：鳞翅目
科：蚕蛾科
属：蚕属
种：蚕
普通名：家蚕；桑蚕

1　译者注：*Homo* 是属名，即人属，*sapiens* 是种加词，即智人种。

古代的昆虫学

人们对昆虫细致的观察可以追溯到很久以前，恐怕远远早于任何书面记录。我们的神话和宗教中有关昆虫的文献屡见不鲜，关于昆虫的故事也常见于谚语和寓言中。我们都熟悉伊索关于蚂蚁和蚱蜢的寓言，以及在《出埃及记》中有关昆虫叮咬和蝗虫导致的瘟疫与灾祸降临埃及的故事。对昆虫的理解、归纳与分类最早的记录来自亚里士多德（Aristotle，前384—前322），他是古希腊著名的学者，年轻的亚历山大大帝的导师。他阐述了形式逻辑的原理，并被公认为是许多哲学分支的创始人。亚里士多德的《动物志》（*Historia animalium*）以及其他古代著作，都正确识别了许多种我们今天仍然熟悉的昆虫，区分了蜜蜂与胡蜂、蝴蝶与飞蛾、蝗虫与蟋蟀。尽管亚里士多德的著作在不同时期几经修改，但在接下来的2000年里，它都以不同形式影响着人们。在他之后，昆虫学研究仍在继续，但学者们把他们讨论的重点放在了更实际的问题上，只涉及那些与人类生产、生活最相关的物种，或是寻找合适的昆虫创作有关品行的寓言。迪奥斯科里德斯（Dioscorides，40—90）是生于西利西亚（现属于土耳其）的希腊植物学家、医生，曾生活在臭名昭著的尼禄统治时期（约54—68）的罗马。他写过一篇有趣的药理学文章，概述了

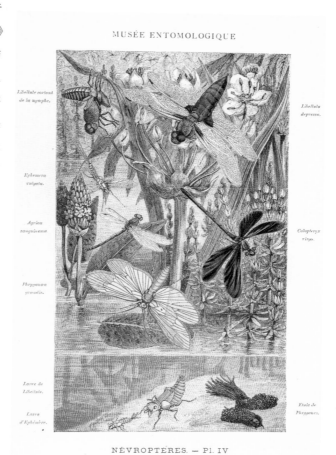

（上图）一张描绘水生昆虫多样性以及它们不同生长阶段对应生境的绘图。在顶部，是一种体型较宽的基斑蜻（*Libellula depressa*）：左边展示的是，当它从水边野草的叶子上垂下来的时候，如同一位仙女褪去她的衣裳，右边是展翅飞翔的成虫。在画面的中部，左端后方，是一只蜉蝣的成虫；左边是一只鲜红赤蜻（*Sympetrum sanguineum*）；右边则是一只靓蓝色的丽色蟌（*Calopteryx virgo*）；在画面下方，一只大石蛾（*Phryganea grandis*）正飞过池塘表面。水面之下则分别是三种昆虫的幼期：蜉蝣和蜻蜓的稚虫（左），和石蛾幼虫的保护壳（右）。［该图出自《馆藏昆虫画：昆虫自然史》（*Musée entomologique illustré: histoire naturelle iconographique des insects*，1876）］

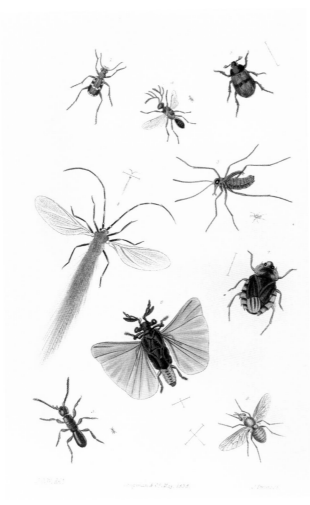

（上图）丰富多彩的昆虫。[该图摘自约翰·O. 韦斯特伍德（John O. Westwood）的教科书《现代昆虫分类概论》（*Introduction to the Modern Classification of Insects*，1840）的卷首插图，由作者亲手绘制。]从左上角顺时针方向分别是：杂色虎甲（*Cicindela hybrida*），鞘蛾双歧姬小蜂（*Dicladocerus westwoodii*），多氏异丽金龟（*Anomala donovani*），雪蝎蛉（*Boreus hyemalis*），夏盖蝽（*Aphelocheirus aestivalis*），坦蜂虻（*Phthiria fulva*），捻翅虫（*Stylops aterrimus*），锤角细蜂（*Platymischus dilatatus*），以及荨麻旌蚧（*Orthezia urticae*）。

如何利用昆虫来治愈多种疾病。因流感或疟疾引起的三日疟反复发作的病人，可以将 7 只臭虫（bed bugs）[1]与豆子和食物混合作为药物来治疗，而耳痛则是用地鳖（ground cockroaches）和油混合的酊剂来治疗。与他同时代的罗马海军司令、博物学家老普林尼（Pliny the Elder，23—79）在维苏威火山爆发期间死于庞贝城，他曾写过一本名为《博物志》（*Naturalis Historia*）的百科全书。和亚里士多德的著作一样，这本书成为 1000 多年来人们认识自然事物的来源之一。普林尼对昆虫的分类实际上是与亚里士多德一致的，但有关每个物种的生物学信息有时的确有很大差异。极其务实的罗马学者们，更多的是记录昆虫对农业的影响，在很多农业和葡萄栽培的著作中都可看到罗马人对害虫的防控措施。尽管如此，当时人们还没有意识到周围昆虫丰富的多样性，也没有意识到明显并不总等同于重要。

当西罗马帝国在 5 世纪衰落时，不仅昆虫学，实际上欧洲几乎所有的学术成果都遭受了巨大损失。学术研究退守进修道院，失去了曾在罗马皇室得到的广泛支持。僧侣和抄写员尽其所能地誊抄现有的知识，但由于他们对既有真理的关注超过了实证经验，

1　译者注：这是一种半翅目的昆虫。

于是神秘论式的解释变得越发盛行。在
帝国瓦解的后期，最有影响力且经久不衰
的昆虫学研究或许是塞维利亚的伊西多尔
（Isidore of Seville，约560—636）的《词源》
（Etymologiae）。这是一本百科全书似的大
部头，故而在关于动物的一章中涵盖了昆
虫。但是受时代局限，并且正如书名那样，
它主要是通过名字本身的词源来解释昆虫
的生物学特征。这本书的影响力很大，据
估计是古代抄本最多的书籍之一。

伊西多尔将昆虫纳入不相干的类群，
"害虫类"包括甲虫、家蚕、白蚁和虱子，
而"小型飞行动物"包括了蜜蜂、蟑螂、
蝴蝶、蝉、蝗虫和苍蝇。这本书中的很多
知识都是错误的，因其认为自然发生是物
种产生的一种普遍方式。例如，"一种胡
蜂叫作'cabo'，这个名字来源于一种驮马，
因为它是从这种马身上长出来的"，以及
"比比奥内蝇（Bibiones drosophilae，这可
能是伊西多尔给某种果蝇的命名）则是从

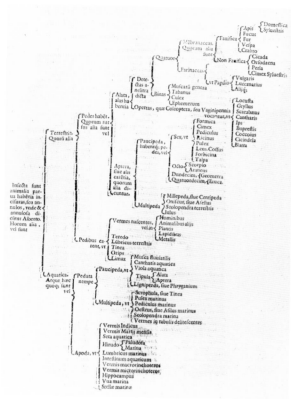

（上图）虽然只是反映了一种在识别和归纳昆虫及相关无脊椎动物信息时的
二叉分类思路，但阿尔德罗万迪的这种等级分类理念是相当有先见之明的，
在某些方面能够准确地表现出进化关系。[该图出自《昆虫类动物》（第七卷）]

红酒里长出来的"。类似的奇思妙想还包括对巴吉里斯克（Basilisks）——
一种神话中的蛇的生物学描述，以及认为鸟类在它的一生中可以重生两次。
尽管每个世纪都有许多背离古代传统的思想，可许多中世纪的作家依然继续
着类似的行文风格。然而正如许多事情一样，文艺复兴确实也给昆虫学带来
了极大的繁荣。

文艺复兴、分类学与昆虫

第一本专门研究昆虫尤其是昆虫分类的书籍，是由博洛尼亚大学自然科
学教授乌利塞·阿尔德罗万迪（Ulisse Aldrovandi，1522—1605）撰写的《昆

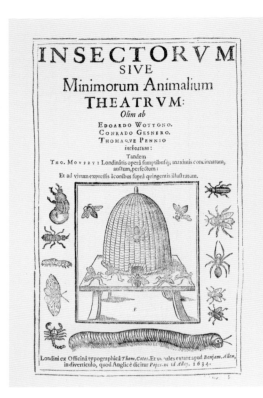

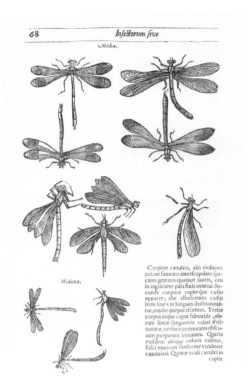

（左图）托马斯·墨菲特的《昆虫剧场》的扉页，它总结了许多学者的贡献，并尝试对当时已知的昆虫和其他节肢动物的生物特性进行分类和描述。这部作品当时的出版成本高得惊人，直到他死后方才出版。他的原版插画被精美的木刻画所取代，这本书正因后者而闻名。

（右图）多种多样的蜻蜓和豆娘（均属于蜻蜓目）的木刻画。（该图出自墨菲特的《昆虫剧场》）

虫类动物》（7 卷本）（*De Animalibus Insectis Libri Septem*，1602）。阿尔德罗万迪编写了第一个用于确定昆虫分类的二叉式检索表，他采用图像化的方式体现了该分类系统，对于现代读者来说，其从图像学上恰类似于对进化关系的描述。

尽管那时他的脑海中肯定没有演化论的概念，但当代的分析方法验证了他的一些划分还是很准确的，足以证明他的观察力是何等敏锐。他的书因为有大量的木刻插画而更加通俗易懂。对其分类体系中的每个物种，他都提供了一切可以通过直接观察得到的或是对先前文献（尽管其中一些文献在被引用前并未经过彻底审查）综合汇集所得到的生物学数据。英国医生托马斯·墨菲特（Thomas Moffet，1533—1604）在编写昆虫学书籍的过程中，也做过类似尝试。墨菲特的《昆虫剧场》(*Insectorum sive minimorum animalium theatrum*，1634)一书中木刻画的质量参差不齐，虽然有些木刻作品的准确度很高，较阿尔德罗万迪的作品有所改进，但是其他的则不够好。

光学和昆虫

　　无论是乌利塞·阿尔德罗万迪还是托马斯·墨菲特，都没能借助显微镜的威力来检视那些观察对象。大约在世纪之交，也许是1599年，在荷兰泽兰省的米德尔堡诞生了世界上第一台光学显微镜，它的发明者究竟是撒迦利亚·杨森(Zacharias Janssen，1585—1632)还是科尼利斯·德雷贝尔(Cornelis Drebbel，1572—1633)，至今尚存争议。由于昆虫的世界常常超出我们的视力所及，这场光学革命就为观察昆虫的细节开辟了崭新的前景。安东尼·范·列文虎克(Antonie van Leeuwenhoek，1632—1723)是第一位利用这项新技术出版微生物插图的科学家，并因此而闻名。但他并不是第一个发表显微镜观察结果的人。1609年，伽利略·伽利雷(Galileo Galilei，1564—1642)研发出了他自己的简易显微镜。1611年，伽利略被招募到一个当时较为年轻的科学协会——著名的意大利林琴科学院(Accademia dei Lincei)，由身为博物学家和科学家的弗德里科·A.塞西(Frederico A. Cesi，1585—1630)在罗马创立。林琴科学院发表了伽利略早期的一些天文观测，包括他有关科学方法论的论文《分析者》(*Il Saggiatore*，1623)，并在后期帮助他在宗教裁判所期间抵御教会的批判。

　　利用伽利略的显微镜，塞西和他科学院的同事——身为数学家兼医生的弗朗西斯科·斯泰卢蒂(Francesco Stelluti，1577—1652)研究并绘制了三只蜜蜂的插图，而三只蜜蜂的图案也是巴贝里尼家族著名的家徽。1625年，

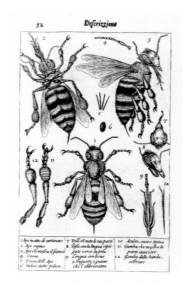

(左图) 第一幅借助伽利略研发的显微镜画出的三只意大利蜜蜂(*Apis mellifera*)的图像。弗朗西斯科·斯泰卢蒂从左下、侧面和背面观(从左起顺时针)描绘了一只工蜂，及其双腿(左下)、口器和吻部(右下)以及触角(上部中央)。[出自斯泰卢蒂的《柏修斯的轻诗及注释》(1630)]该插图最初以"蜜蜂"为标题，于1625年印刷在一张大报上，作为圣诞礼物赠送给教皇乌尔巴诺八世。

应对多样性

教宗的屠龙勇士

（上图）阿尔德罗万迪的肖像画。[来自他的《鸟类学》（*Ornithologiae*，1599）]

（下图）阿尔德罗万迪的《昆虫类动物》（7卷本）一书的扉页，该书是第一本关于昆虫学的教科书。

乌利塞·阿尔德罗万迪出生于博洛尼亚（当时属于教皇国的一部分）的一个贵族家庭。他的父母以"奥德修斯"（Odysseus，*Ulixes* 为该名字的拉丁语变体）也就是《奥德赛》和《伊利亚特》的荷马史诗英雄之一，为他命名，他的哥哥则是以阿喀琉斯（Achilles）命名。阿尔德罗万迪受到 16 世纪意大利蓬勃发展的自然科学和人文科学的启迪。博洛尼亚大学成立于 1088 年，是欧洲第一所大学，阿尔德罗万迪在此学习逻辑学、哲学、数学和法律，并于 1533 年获得医学和哲学学位。第二年，他开始教授逻辑学和哲学，但是他本人更青睐博物学。他开始收集标本并指导自然科学专业的学生，并最终于 1561 年成为该大学的第一位自然科学教授。阿尔德罗万迪痴迷于收藏，并开发了一座包罗万象、装满自然珍奇的"橱柜"——当时被视为其收藏品。随后，在 1568 年，他又建立了该市的植物园，这是一座面向公众的花园，至今仍对外开放。

阿尔德罗万迪是个十分自负的人，甚至吹嘘自己是 16 世纪的亚里士多德，所以他不合群也就不奇怪了。1549 年，他因异端罪被逮捕，然后在 1550 年被教皇朱利叶斯三世（Pope Julius III，1487—1555）赦免。其后，在 1575 年，阿尔德罗万迪因与博洛尼亚的医生们产生纠纷，被大学停职。他的母亲是教皇格列高利十三世（Pope Gregory XIII，1502—1585）的堂亲，格列高利进行了许多改革，因以其同名历法取代了儒略历而闻名。尽管阿尔德罗万迪之前在主教座席上碰过壁，但格列高利还是在 1577 年为他辩护，使他得以恢复原职。

阿尔德罗万迪的收藏最终发展成了 16 世纪文艺复兴时

期规模最大的自然分类收藏之一。他撰写了
数千页博物学百科全书，可惜大部分作品都
在他 1605 年死后才得以出版。

　　尽管阿尔德罗万迪在推动博物学作为
一项科学发展方面做出了巨大贡献，但他
毕竟是那个时代的产物，许多中世纪的观念
也渗透进了他的著作，尤其是他的《怪物
志》（*Monstrorum Historia*，1642）和《蛇
与龙的历史》（*Serpentum et Draconum
Historiae*，1640）。实际上，阿尔德罗万迪
被认为是当时研究龙的专家，因此当格列高
利成为教皇时，阿尔德罗万迪被征召去检查
一只出现在农村的、据说是龙的生物。而阿
尔德罗万迪则宣称其为新教宗的神迹。

　　阿尔德罗万迪在他有生之年也的确完成
过一部巨作——《昆虫类动物》（7 卷本），
这是一本关于昆虫的百科全书。阿尔德罗万
迪并没有将其著作局限于实际应用层面，而
是试图按照他的理解来思考昆虫群体的多样

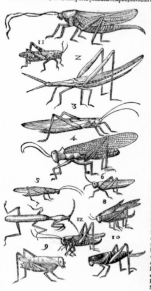

性。这一点与前几代学者不同，也是许多人将他视为现代博物学创始人
的原因。阿尔德罗万迪的这本书可以被视为世界上第一本昆虫学教科书，
甚至包括了分类学的二叉式检索表，其表现方法与现在的进化树极为相
似。然而，在倡导科学要有经验证据的同时，阿尔德罗万迪本人也容易
被可疑的观察结果和令人难以置信的跳跃性逻辑推理所影响。为了支持
古老的观点，即蜜蜂从牛的尸体中产生的论断，据说他解剖了 5 只雄蜂，
在每只蜂体内发现了微小的牛头，这显然是对这一假说无可辩驳的支持。
幸运的是，不久之后就有人向大家揭示了昆虫变态发育的奥秘。

（上图）阿尔德罗万迪的《昆
虫类动物》（7 卷本）中的木
刻插画，图中有蟋蟀、螽斯和
蝗虫。

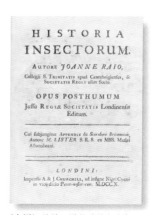

（上图）约翰·雷的《昆虫志》一书的标题页，该书对许多昆虫的生物学特性进行了观察，并极大地影响了后来效法雷的学者，包括林奈的分类工作。

这些蜜蜂及其解剖结构的细节图被印制成名为《蜜蜂》（*Melissographia*）的大报，作为圣诞礼物赠送给了原名为马费奥·巴贝里尼（Maffeo Barberini，1568—1644），时任罗马教皇的乌尔巴诺八世，象征着林琴科学院永恒的奉献精神。这是第一张利用显微镜观察到的生物图像，准确地说，是第一张昆虫的海报。

塞西本打算基于这一研究，将其丰富成一本题为《蜜蜂志》的书，却于1630年离世。斯泰卢蒂进一步拓展了解剖学研究，并将《蜜蜂志》的内容收录到了自己的《柏修斯的轻诗及注释》（*Persio tradotto in verso sciolto e dichiarato*，1630）一书中，这是一部关于柏修斯讽刺作品的书，他的本意是想通过这种方式掩盖其中涉及的真正的科学观察，因为乌尔巴诺八世并不特别支持这种研究。尽管如此，昆虫仍是早期显微学家们非常感兴趣的一个研究对象，其中很多昆虫都出现在了英国博物学家罗伯特·胡克（Robert Hooke，1635—1703）的著作《显微图谱》（*Micrographia*，1665）中。而他使用的显微镜也比当时林琴科学院的设备有了显著的改进。

后期分类学：物种、分级和演化

尽管有大量关于昆虫的书籍不断问世，但在昆虫多样性分类领域另一项更具革命性的成果还要数约翰·雷（John Ray，1627—1750）死后才出版的《昆虫志》（*Historia Insectorum*，1710）。雷是英国博物学家和神学家，对植物学和昆虫学表现出特别的兴趣。他被认为是第一个基于生物学提出了"物种"概念的人，这在他生活的那个年代是很不寻常的。简而言之，雷认为物种是所有源自共同祖先的个体，这一观念看上去是如此"现代"，与那个直到1942年才被编撰入典籍的生物物种概念是如此相似，可谓令人震惊。这个具有先见之明且简洁明了的定义，如果扩展到更大的类群，简直就是演化论的蓝图了。

最终，这种思想延续至林奈，促成了他对生物分类系统的革命。实际上，诸如墨菲特和雷之类的学者对于林奈思想产生了深远影响，以至于他以他们命名了很多特定的昆虫类群。其实，林奈同他之前的学者一样，并没有特意想用分类来反映进化的过程，但他们在不知不觉中反映出了已在潜移默化中

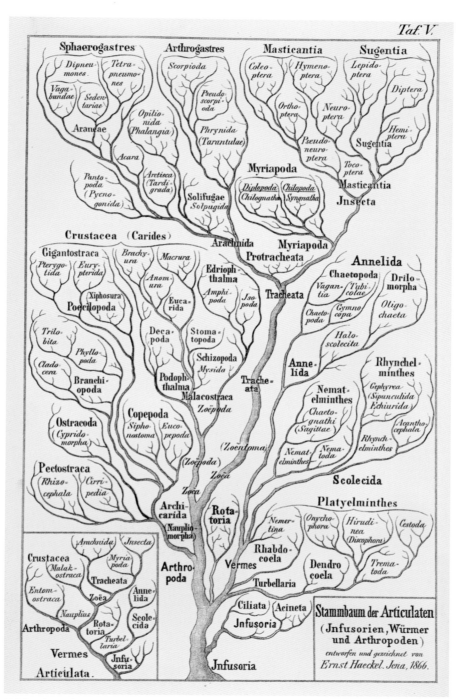

（上图）达尔文革命之后，最早的有关节肢动物的谱系关系图示。节肢动物沿左侧形成一大分支，而在树冠顶端，昆虫类则在多足类之上，占据了右上角。（该图出自海克尔的《普通生物形态学》）

发生的演化模式。演化的过程和机制，也就是祖先物种的种群因发生变化而分化出新的后代物种，进而自然产生了等级体系。于是，最简单的例子是，我们可以看到所有节肢动物都有外骨骼，所有有颚节肢动物都有上颚，作为其主要的取食附肢，所有昆虫都有六条腿和分为三部分的体躯，所有蝴蝶和蛾子的翅膀都有鳞片，等等。每种生物，都与它们最相近的共同祖先及其众多后代分支共享着某些特征。

在演化思想产生之前，许多学者一直在努力解释这种现象，即自然界看上去可以被如此等级分明地加以排列。最终，一位颇有些离群索居的甲虫收集者将个中奥秘归纳了出来。他综合数千年来人们对于生物特征、种群和发育生物学、地理分布模式、行为及地质历史的观察，得出一个统一的观点：物种，是经过种种原因造成

（上图）常见的绿鸟翼凤蝶（*Ornithoptera priamus*）有着引人注目的翅膀，是存活至今的数以百万计的昆虫物种之一，它们共同见证了昆虫演化的成功和悠久的历史。[来自罗伯特·H. F. 里彭（Robert H. F. Rippon）的《鸟翼凤蝶图谱》（*Icones Ornithopterorum*，1898）]

的隔离作用，由已灭绝的祖先物种分化产生而来的。发生隔离的原因包括自然发生的变异、差异化生存率（即不是所有个体都有相等的生存概率），以及在面对气候变化、捕食或其他影响繁殖成功率的因素时所产生的专化现象。在局部环境变化中幸存下来的那些变异的物种，会将其特性传递给下一代，依此类推。其余不适应环境的则将灭亡，被写入物种灭绝史。就这样，正是查尔斯·R. 达尔文（Charles R. Darwin，1809—1882）阐明了演化发生的一种可行机制，永远改变了我们对周围世界的理解。达尔文帮助我们认识到，自然分类准确反映出了物种间因演化而建立起的潜在关系，并且以这样的新认知来看，"这种对生命的观点是很庄严的"。

厘清和了解昆虫之间的演化关系，并不是一项轻松的工作，部分因为昆虫的数量实在太多。有关它们繁杂的发展史和相互关联的线索，都被记录在了它们的解剖结构和基因组之中。如今，昆虫学家将这些不同形式的数据汇

集在一起，以期复原昆虫的整体历史面貌。目前的昆虫演化分类学，就深深根植于他们这些研究之中。尽管新的发现正在不断完善我们的见解，但许多早期的研究人员利用原始的方式就能正确识别出这些重要的区别，这在如今看来是多么了不起呀。在某些情况下，对那些一个世纪或更早之前的结论我们已不必再做任何修订和完善了。

当我们想起蟑螂、蚱蜢、甲虫、黄蜂或苍蝇这些昆虫纲的主要类群，它们之间的区别就形成了科学家们所称的分类学意义上的目（order），按照林奈分类系统，目是列在昆虫纲之下、各种各样的科之上的一级。例如果蝇科（Drosophilidae）、蜂虻科（Bombyliidae）、食蚜蝇科（Syrphidae）以及家蝇科（Muscidae），它们都属于双翅目（Diptera）下的分科。不过，在所有这些类型的昆虫出现以前，它们最早的祖先，同时也是陆地上最早出现的动物之一，就生活在 4.1 亿多年前的地球了。那时的地球环境和我们现在的几乎完全不同，看上去极其异样与陌生。

在泥盆纪初期（大约 4.2 亿年前），陆生动物以节肢动物为主。当一些早期植物离开水域并开始在陆地生长之后，最初生活在海洋中的某些古老节肢动物，也渐渐演变为了陆生物种。那时世界上并没有森林、田野或者草场，原始陆生植物也相对比较简单，还没有对现在所有植物而言标志性的树叶等结构。相反，早期的陆生植物都很低矮，就像今天家庭苗圃中的花床一样，没有根系，也无法远离水域。而脊椎动物，特别是两栖动物，要等到这一地质时期的末期，在陆生植物演化得更充分后，才会出现在陆地上，与昆虫争奇斗艳。

大约 6000 万年之后，到泥盆纪结束时，富含有机物的土壤可能就出现了，支撑着由巨大的蕨类祖先组成的森林，以及生机勃勃的昆虫世界——其中大部分可通过两对膜质翅膀进行飞行。但是，在这一切产生之前，在翅膀和飞行出现之前，在森林诞生之前，在我们的星球变绿之前，就已经有昆虫了。六足动物的故事早已悄然开场，任何有机会窥视远古地球的人几乎都想象不到，这些具有丰富多样性的动物最终将统治整个世界。

（下页图）该图来自查尔斯·阿塔纳西·沃尔肯尔（Charles Athanase Walckenaer）的《昆虫志·无翅类》（ *Histoire naturelle des insectes.Aptères*，1837）。

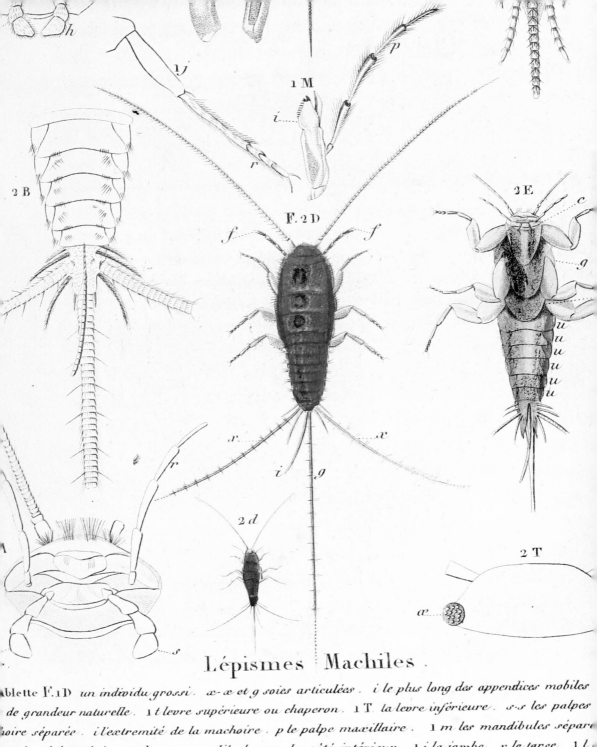

Lépismes Machiles.

ablette F. 1 D *un individu grossi.* x- x *et* g *soies articulées.* i *le plus long des appendices mobiles*
de grandeur naturelle. 1 t *levre supérieure ou chaperon.* 1 T. *la levre inférieure.* s-s *les palpes*
hoire *séparée.* i *l'extremité de la machoire.* p *le palpe maxillaire.* 1 m *les mandibules sépare—*
u *du côté extérieur.* b *une mandibule vue du côté intérieur.* 1 j *la jambe.* r *le tarse.* 1 l
aphie F. 2 D *un individu grossi.* x- x *les soies articulées latérales.* g *la soie articulée du mil*
es appendices mobiles. f·f *les palpes maxillaires.* 2 d *le même de grandeur naturelle.* 2 F. *le*
grossi. c *le prothorax.* g *mésothorax.* h *le métathorax.* u·u *segmens.* 2 T *la tête.* x· x *
vue au dessous. s·s les palpes labiaux. r·r palpes maxillaires. 2 B extremités du corps.* Ma

3

六足动物里的先驱

"在你们那儿，有什么你喜欢的昆虫么？"蚊子问道。

"我一点也不喜欢昆虫，"爱丽丝解释说，"我挺害怕它们，至少怕那些大个的。不过我叫得出它们之中有一些的名字。"

"叫名字它们应该会答应吧？"蚊子漫不经心地说。

"它们从来没有答应过。"

"要是叫它们名字不答应，那它们要名字有什么用呢？"蚊子问道。

"对它们没有用处，"爱丽丝说，"但是我想，这对给它们起名字的人有用，要不然，为什么各种东西都有个名字呢？"

——刘易斯·卡罗尔（Lewis Carroll），
《爱丽丝镜中奇遇》（*Through the Looking-Glass*，1871）

———❖———

在刘易斯·卡罗尔的《爱丽丝镜中奇遇》一书中，爱丽丝发现自己缩小到了普通昆虫的大小。她坐在树下，与一只有绅士风度的蚊子谈论着昆虫命名的法规。爱丽丝礼貌地举出了她最熟悉的那些昆虫的名字，例如蝴蝶和蜻蜓。尽管爱丽丝可以说出某些常见昆虫的名字，但在那些最原始的六足动物中，有一些种类是普通人几乎很少遇到的，它们只有林奈学名——那是爱丽丝可能永远想象不到的名字。事实上，爱丽丝举的所有例子都是会飞的昆虫，但在远古曾有那么一段时间——在鸟类出现之前，在恐龙出现之前，在脊椎动物离开海洋行走在陆地之前，昆虫一度尚未进化出膜质的翅膀。这些最早的无翅六足动物的后代如今已所剩无几，在其他昆虫进化出飞行能力之前，它们就已发展出自身适用于陆地的生存方式了。可惜，我们大多数人都不熟悉它们的名字，或者根本就没给它们起过通用的名字。

如今，只有五个类群代表着那些永远不会飞行的古老六足动物的后裔。其中三个属于面部皱起的内口纲。虽然，它们有六只足，是真正昆虫（昆虫纲）的姊妹，但它们本身并不是真正的昆虫。组成内口纲的三个目分别是弹尾目（Springtails）、双尾目和原尾目，后两个目甚至都没有英文俗名

（右页图）原始的无翅六足节肢动物。彩图标本从左上至下为：球形的双尾虫、圆跳虫（*Campodea staphylinus*）、土衣鱼属（*Nicoletia*）的衣鱼和弹尾目的磷长跳虫（*Lepidocyrtus curvicollis*）。（来自沃尔肯尔的《昆虫志·无翅类》）

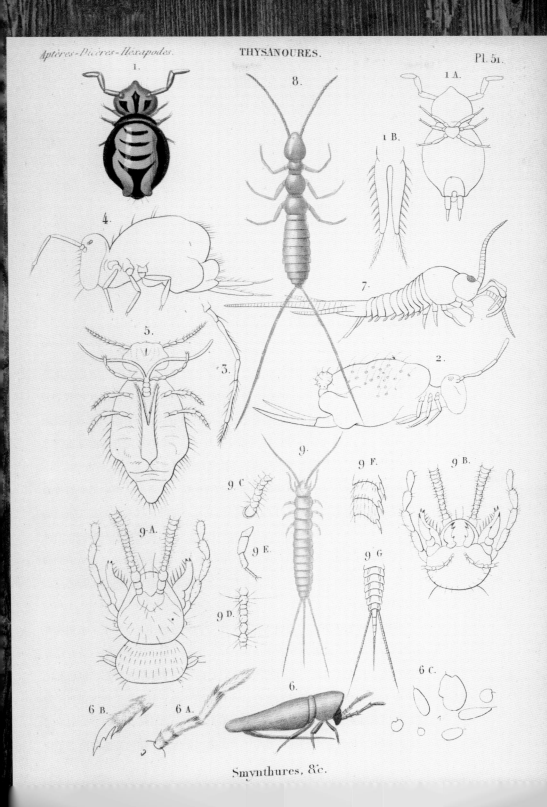

Smynthures, &c.

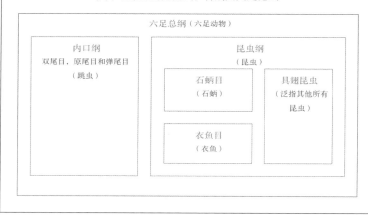

六足总纲的分类关系

六足总纲动物被组织排列成一系列的群组，
其中最常见的是昆虫，特别是具翅昆虫

六足总纲（六足动物）

内口纲
双尾目，原尾目和弹尾目
（跳虫）

昆虫纲
（昆虫）

石蛃目
（石蛃）

具翅昆虫
（泛指其他所有昆虫）

衣鱼目
（衣鱼）

（尽管最近有人为这两个目提出了命名建议，但并不广为人知，就连昆虫学家们也不都了解）。这五个类群中剩下的两个则属于真正的昆虫，它们是分别隶属于石蛃目和衣鱼目的。尽管所有这些小动物都能够行走、攀爬甚至跳跃，但是它们不能飞行。虽然我们像爱丽丝一样，能经常记起一些昆虫的名字，但也同样更容易想起那些有翅膀、能飞翔的昆虫。

当然，还有其他无法飞翔的昆虫，例如工蚁、跳蚤等，但就这些物种而言，每种都是从完全具备飞行能力的祖先演化而来的，后来才失去了飞行的翅膀。而内口纲、石蛃、衣鱼以及它们的祖先们，则是压根没有翅膀，因此可以认为它们是真正的无翅动物。当其他昆虫舞动膜质的翅膀飞向空中的时候，原本无翅的六足动物早已代代相传已久，在它们看来，那些飞行的昆虫都要算年轻"后生"了。

早期的博物学家们，例如乌利塞·阿尔德罗万迪，通常都没注意到这些微小的六足动物，或者只是笼统地将它们归纳在一起，认为它们只是些没有实际用途或有害的生物。阿尔德罗万迪之后的博物学家们则渴望了解所有昆虫，而不仅仅是那些明显对人类有益或有害的种类。不过，要想发现那些能将某些昆虫区别开来的解剖结构上的细微差别，是具有挑战性的。识别不同昆虫的难点之一是它们的体型太小，大多数无翅六足动物的身长都小于 1 厘米，而且常常要小很多。林奈虽然在他的《自然系统》一书中特别重视昆虫翅膀的各种形态，并以此来确定它们的目级分类位置，但却将所有无翅昆虫都归入了一个被他称为"Aptera"的类群中（在希腊语中，"aptera"就是"无翅"的意思）。非常遗憾的是，他在分类过程中将原始无翅六足动物及其他所有没有翅膀的节肢动物都归在了一类，包括完全不同且显然没有任何关联的白蚁、虱子、跳蚤甚至蛛形纲和甲壳类动物，这就使得这个类群看上去毫无意义。林奈并没有用真正能够归纳它们的特征进行分类，而仅仅是因为它们都不能飞行。他被昆虫的翅膀迷惑了，未能意识到无翅的六足动物、蜘蛛纲、甲壳类动物身体构造差异的重要性，而这些群体在进化上的独特性，就成为在他之后的分类学家们考虑的课题。

　　原始无翅昆虫遍布全球，但在温带和热带种类更丰富和常见。它们的腹部下表面具有被称为"可外翻囊泡"的小结构，这些细小、肉质的片状结构可以通过内部血压的挤压来吸收水分。于是，毫不出人意料地，原始无翅六足动物大都生活在潮湿的环境中，在水源附近，有些甚至生活在水面之上。人们认为石蛃和衣鱼是最接近昆虫祖先模样的代表，并且相较于昆虫纲的其余类群，它们保留了许多十分原始的特征。例如，石蛃目和衣鱼以及大多数内口纲的生物，终其一生，包括在性成熟之后，都会持续地蜕皮。相比之下，除了一个我们在后文会重点提到的特例，其他所有昆虫在性成熟后就会停止蜕变。此外，与其他真正的昆虫不同的是，内口纲、石蛃目和衣鱼目生物的繁殖过程并不进行交配，而是雄性通过一个叫作"精包"的结构，将精子间接转移到雌性体内。精包是一个包裹着精子并使之适合在体外生存的特殊袋状结构。雌性随后会收集精包，并将其收进体内，在雌性体内完成受精。精包通常含有各种营养物质，能够滋养雌性及其卵子。

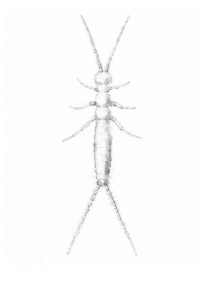

（左图）罕见的小型植食性双尾虫，是双尾目动物之一。［该图出自约翰·卢伯克（John Lubbock）的《弹尾目和缨尾目专论》（*Monograph of the Collembola and Thysanura*, 1873）］

无翅之王

埃夫伯里领主，第一任男爵约翰·卢伯克爵士。这是 H. T. 威尔士（H. T. Wells）铅笔素描的复制品。

维多利亚女王在她去世前的最后一年颁发证书，将约翰·卢伯克爵士（Sir John Lubbock，1819—1901）册封为第一任男爵、埃夫伯里领主（Lord Avebury）。该称号是为表彰卢伯克在保护英国最大的新石器时代遗址埃夫伯里中做出的贡献。为防止土地被破坏，卢伯克将该地区整体收购下来，然后以议员身份推动了保护史前遗址的立法，这也是英国第一部同类法律。

卢伯克身上充满着文艺复兴精神，虽然他的职业是银行家和政治家，但他真正热衷的是科学，尤其是考古学和昆虫学。实际上，他对这两个学科的贡献是如此之大，人们几乎不相信他还有时间做其他事情。我们将石器时代分为旧石器时代（Paleolithic）和新石器时代（Neolithic）的概念，最早就是在卢伯克的著作中阐述的。更令人震惊的是，在那个年代，他就在《文明的起源和人类的原始状况》（The Origin of Civilisation and the Primitive Condition of Man，1870）中，将达尔文演化论的理念用于阐述人类和人类文明。卢伯克甚至还在另一部著作中模仿了达尔文 1859 年那本具有里程碑意义著作的书名，将其命名为《昆虫的起源与变态》（On the Origin and the Metamorphoses of Insects，1872）。而在实际生活中，卢伯克和住在附近的达尔文往来频繁，并于 1882 年在威斯敏斯特大教堂举行达尔文的葬礼上担任了扶棺人。

卢伯克在 1882 年撰写过一本特别有趣的书，主要是关于蚂蚁、蜜蜂和胡蜂的生物学及其他方面的内容。在他众多昆虫学领域的成就中，最引人注目的是一本包含许多精美插图的、关于原始无翅六足动物的专著。在此书之前，这些动物都被一股脑地划分到一个叫作缨尾目（Thysanura）的类群中。这个名字源于希腊语里的 "thysanos"，意为 "流苏" 或者 "条穗"，以及 "ourā"，意思是 "尾巴"，指的是石蛃或者衣鱼拥有像细丝一样的尾须。卢伯克是第一个阐述这些原始六足动物之间区别的人，考虑到这些动物的体型是如此之小，以当时简陋的光学观测条件，可想而知这并不是一件容易的工作。事实上，那时候很多学者都靠镜子反射的烛光来照亮显微镜，或者只是通过手持放大镜来检视那些微小的节肢动物。

尽管如此，借助这些简单的观测工具，卢伯克还是意识到先前归纳的那些原始六足动物并不属于一个自然群体，也就是说，它们并非彼此的近亲。他正式确定了两个分类类群——弹尾目（内口纲的原尾目和双尾目在他完成这项工作时还并不为人所知）以及范畴更狭窄的缨尾目，后者包括了昆虫纲内属于真正昆虫的无翅类群：石蛃目和衣鱼目。卢伯克创造了"弹尾"（Collembola）这个名字，并且是第一个宣称它们缺少像衣鱼目和石蛃目的丝状尾须的人，而这正是一个重要的分类特征。

卢伯克在他的《弹尾目和缨尾目专论》中描述了许多新物种，讨论了它们的进化过程，并且史无前例地对这些生物结合其生物学特性，进行了解剖学和形态学的详

（上图）细长而驼背的磷长跳虫，浑身布满着淡淡的银灰色和蓝色的鳞片。（来自由霍利克为卢伯克专著所绘制的插图）

（上左）卢伯克是 19 世纪为数不多的能够欣赏原始无翅六足动物微妙之美以及认识到其生物学和解剖学上复杂性的学者之一。例如这种微小的环角圆跳虫（Ptenothrix atra）。

（上右）身为聋哑人艺术家的霍利克先生为卢伯克的专著创作了许多精美的插图，例如这只带长角长跳虫（Orchesella cincta），还有其他双尾目、衣鱼目、石蛃目昆虫。

细阐述。书中许多精美的插图，是在卢伯克准备的展现解剖学细节的原始草图基础上由另一个人创作的。这些平版印刷画由一位名叫 A. T. 霍利克（A. T. Hollick）的先生执笔，还有一些由他手工上色。他被卢伯克评价为"一位虽不幸聋哑，却凭天生的才能打败了身体严重缺陷的绅士"。卢伯克毫不吝啬地感谢霍利克"作品中的艺术性和准确性"。整个 19 世纪诞生了大量充斥着华丽蝴蝶与美艳甲虫彩图的华美书籍，然而这部独树一帜的专论却沉醉于弹尾虫、衣鱼及其近亲们的隐秘奇迹。也许真的可以说，原始无翅六足动物的谱系学是由卢伯克创立的，这使他成为昆虫演化生物学同行中的"无翅之王"。

内口纲：双尾目、原尾目和弹尾目

除了昆虫学家外，普通人很少会遇到内口纲这类生物，因此它也并没有任何俗名。这些物种通常生活在土壤表面、植被或者腐烂的树皮之下，经常靠近水源，例如河流或池塘附近。就如内口纲（Entognatha）名字所示——"ento"代表"内部"，而"gnáthos"在古希腊语中是"下巴"的意思，内口纲动物的口器塞在头壳里一个被称为"囊袋"的结构中。

在大约1000余种已知的双尾目物种中（绝大多数体长2～5毫米，少数可以达到该大小的10倍左右），有两种基本类型：植食性具有较长且分为多节的附肢，被称为"尾须"（cercus）。它出现在身体的后端，类似于触角或者成对的尾巴。而捕食性的尾须通常较短，且类似粗壮的钳子，用来抓捕猎物。双尾目的雌性会保护自己的卵和刚孵化的幼体。但是要知道，一位双尾目妈妈可不是好当的，因为有些刚孵化的幼体就可能同类相食，反过来吃掉自己的母亲。

类似的还有包括500多个物种的原尾目，它们真的十分微小（体长不到2毫米）又怪诞异常，直到1907年才被首次发现。尽管如此，它们还是吸引了已故瑞典昆虫学家索伦·L. 图克森（Søren L. Tuxen，1908—1983）用他职业生涯的大部分时间专门从事与原尾目相关的研究工作，并在1964年撰写

（左图） 具有尾铗的双尾目，例如这种离阳铗虮（*Japyx solifugus*），是双尾目中的捕食者，它们利用腹部末端的尾铗来抓住猎物。（图出自卢伯克的专著）

（右图） 由于体型微小，许多具有美丽和令人赞叹的颜色的弹尾虫并没有引起人们的注意。例如这种饰羽圆跳虫（*Dicyrtomina ornata*）。（该图出自卢伯克的专著）

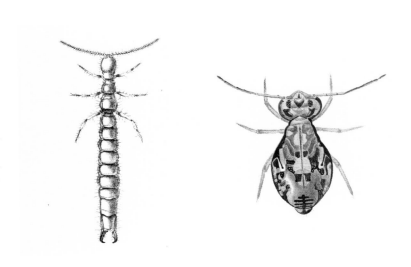

了关于原尾目的专著。原尾目的物种似乎是特化的植食性动物，以真菌为食。它们的特殊之处在于头部没有触角，而是将前足作为感觉器官。尽管是六足动物，但它们会举起前足，用余下的四条腿行走。

最后介绍的是内口纲中种类最多的弹尾目，大约有超过 9000 种；并且它也是内口纲中唯一具有俗名——弹尾虫——的物种。弹尾目被推测与原尾目亲缘关系较近，但这方面的证据还有互相矛盾之处。在世界各地，甚至是在看似不宜居住的极地地区，在那些最高的峰顶和最深的洞穴中，都可以看到它们的身影。有的弹尾虫体长能够超过 20 毫米，但大部分还是小得多，甚至不到 0.3 毫米。它们通常是吃腐殖质和真菌的食腐动物，但是也有少数会捕食各种微小生物，如微小的蠕虫或其他小型节肢动物。弹尾目的触角节数较少且向下折，其身体呈球形或略呈圆柱形，并常常布满图案或色彩。例如，体型最大的弹尾虫隶属于巨跳虫属（*Tetrodontophora*），通常具有明亮的、天鹅绒般的蓝色或紫色，往往大量聚集在洞穴、池塘或者溪流边。

有些弹尾虫不仅生活在淡水附近，它们甚至还生活在水面上，因此从某种意义上来说，它们相当于水生动物了。通常，弹尾目具有比较疏水的外骨骼，使得它们更容易与水接触但不至于被淹死。弹尾目中半水生物种的刚毛与足部结构都发生了进一步特化，这些特化共同作用，使得它们可以避免破坏水的表面张力。事实上，还有其他改变使它们能够掌控自己在水面上的活动，例如这些生物中的雄性个体能够产生可浮在水的表面上的特殊精包，供雌性取走。弹尾目不仅在数量上是内口纲中最多的，而且在多样

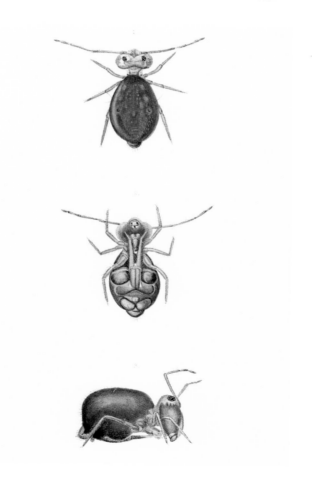

褐雪圆跳虫（*Dicyrtoma fusca*）的背面观、腹面观和侧面观。我们可以看到在其腹部下面折叠着成对的弹器，这些器官使得它们具有跳跃能力。（该图出自卢伯克的专著）

（右图）身体细长的绒毛长跳虫（*Orchesella villosa*）从背面（左图）来看，似乎不具备迅速逃脱的能力，但是当我们注意看它的腹部（右图），"弹器"已经准备好随时将它推离危险。（该图出自卢伯克的专著）

性上也是最丰富的。通常，一旦条件成熟，它们会数以百万计地聚集在一起。如此群集的目的人们目前尚未完全了解，但似乎是特别适宜的繁殖环境和向新生境扩散导致的结果。

跳虫这个名字的由来，实际上代表了这个目的生物一种奇特的快速移动机制。除了三对足外，跳虫腹部下面有一个货真价实的弹器，一旦释放，这些小动物就飞上了天，飞行距离通常还挺可观。有些跳虫能将自己弹射到体长的 80 倍之远。当今人类带助跑跳远的世界纪录略高于 8.95 米，大约是人类平均身高的 5 倍。我们不妨想象一下，如果将跳虫的成绩换算成人类，那它们在没有助跑的情况下就能跳跃将近 142 米了！

在跳虫的腹部末端，有一个由成对的附肢融合形成的结构，这便是弹器中实际产生运动能量的部位，学名为"furculum"。弹器向前折叠，并被腹部中央靠前的一个小锁（或称为"支持带"）紧紧地固定住，使弹器带着相当大的势能，保持在合适的位置，直到这些小动物受到惊扰为止。此时支持带释放弹器，弹器的能量迅速释放并发力将跳虫推向空中，完成弹射。这种漫无目的的弹射方式并不算飞行，因此它们不能被视为会飞的动物。跳虫无法控制自身在空中的运动，也不能滑行或引导自己落地的方向，因此它们也很容易有可能在弹跳之后落入一个更糟糕的境地。但值得一提的是，跳虫能跳得足够快又足够远，这样一连串的跳跃，就足以使它们摆脱任何不利环境，或有助于它们分散到新的栖息地去。由于跳虫体小而质轻，它们在跳跃的过

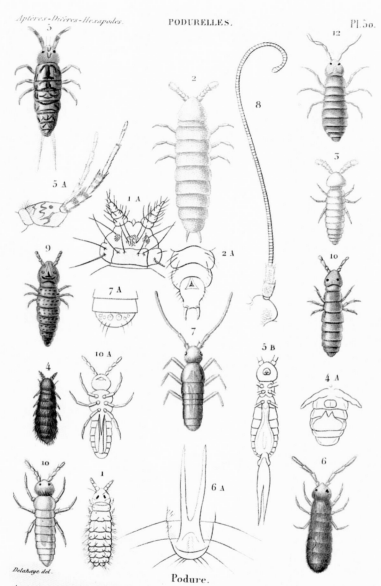

Podure.

Anoure tuberculé. F. 1. grossi. 1 A. sa tête en dessus.　Lipure ambulante. F 2; A. extrémité post.^{re} en dessous.
Lip. voltaire. F 3. Ochorute aquatique. F 4. A. abdomen en dessous.　Orcheselle histrion F 5; A. ses antennes. B. corps
vu en dessous.　Heterotome vert. F. 6.　Macrotome agile F. 7: A. extrémité de l'abdomen montrant quelques écailles.
Tête du Macr. longicorne, F. 8.　Isotome spilosome, F 9.　Isol. puce F. 10.　Isot. Desmarest F. 11.　Isot. Nicolet. F. 12.

Delahaye del.

（上图）绚丽多彩的跳虫（弹尾目）。（该图出自沃尔肯尔的《昆虫志·无翅类》）

程中还常常被气流捕获，乘着风漂泊到遥远的岛屿、山峰或者其他地方。跳虫们就这样化身"空中浮游生物"，作为微小而不可见的征服者，成功殖民了全世界。

不得不说，这种弹跳的运动确实很古老，在最早的六足动物化石之中还保留着一种弹尾目的生物。祖莱尼跳虫（*Rhyniella praecursor*）是生活在大约4.1亿年前泥盆纪时期的一种很小的跳虫，其身体上也完整地保留着这种弹器和锁的结构。我们不妨想象一下，这些早期的六足动物在远古时代景观迥异的地球上跳跃着，那时森林还没出现在我们的星球上，其中最高的植物是那些相对简单且无叶的维管束生物。它们生长在水域附近，其间栖息着刚刚征服了陆地的动物。

最早的真正昆虫：石蛃目和衣鱼目

除上述以外，其他所有六足动物都属于真正的昆虫——即昆虫纲。在昆虫进化出翅膀和飞行能力之前，最早分化出来的是石蛃和衣鱼，各构成了一个分类学的目。石蛃目包括了石蛃，有时也被称为跳蛃，而衣鱼目则被俗称为衣鱼且广为人知。在英语中，衣鱼又被称为"firebrat"，直译的意思是"火

之子"，因为衣鱼目中有些物种喜欢生活在高温环境中，人们经常能够在家里的炉子或烤箱附近发现它们的身影。如同内口纲的动物一样，这些无翅昆虫分布甚广却经常被普通民众、甚至是大多数昆虫学家所忽视。这两个目如今的物种丰富度并不是很高，每个目下只有大约500多个物种。

这两个目的昆虫普遍体型细长，头部生有较长的触须，尾部末端则具有三根长长的细丝——其中两条是尾须，同双尾目一样；中间那一条则是最后一节腹节的延伸。它们经常匍匐在地表，体

（右图）跳蛃（石蛃目）——例如海石蛃（*Machilis maritima*），是现存最原始的昆虫，用它们构造简单的上颚刮取地衣和藻类为食。（该图出自卢伯克的专著）

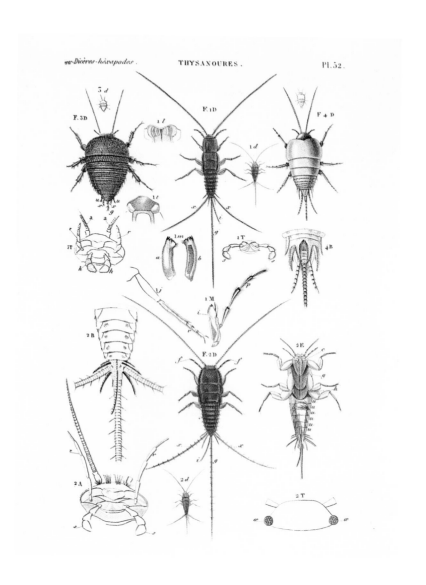

表或许还披着一层鳞片。与内口纲动物相似，石蛃和衣鱼的雌雄个体也并不直接交配产生后代，而是通过雄性产生精包，雌性取回精包并吸收它来实现受精。作为真正的昆虫，雌性石蛃和衣鱼都拥有能够定向产卵的产卵器，从而可以将受精卵产在隐蔽的缝隙，或它为保护受精卵而准备好的孔洞之中。当这些受精卵孵化的时候，母亲早已离去，新一代的幼虫只有自谋生路了。

石蛃目动物通常在夜间活动，白天则躲避在石头下或树皮缝隙中打发时

（左图）尽管石蛃和衣鱼（均为最早的无翅昆虫）从表面上看很相似，但它们并没有非常密切的亲缘关系。（该图出自沃尔肯尔《昆虫志·无翅类》）

Lepisma Saccharina.

（上图）衣鱼（衣鱼目）——
例如这种衣鱼（*Lepisma sac-
charina*），虽然看上去与石蛃
目很像，但它们与有翅昆虫的
关系更为密切。在昆虫的系统
发育树上，衣鱼目和其他有翅
昆虫构成姊妹群，而石蛃目相
当于它们的远房姑妈。（该图
出自卢伯克的专著）

间。当夜晚降临，它们便出来觅食和交配。它们的食物包
括地衣和藻类，有时候也以其他节肢动物的残骸为食。石
蛃有一对大型复眼和排列在头顶的三个较小的单眼。很多
不同的昆虫类群都有单眼，虽然单眼并不能直接成像，但
它们对光线的变化极为敏感，因此可以用来导航和定向，
尤其是在夜间，这点尤为重要。石蛃的背部隆起，并且可
以通过弯曲腹部的大量肌肉进行跳跃，以躲避捕食者。

衣鱼通常是杂食性的，身材较短小，并且不能跳跃，
除此之外，它和石蛃的生物学特性是大致相同的。衣鱼的
复眼更小而且没有单眼，唯一例外的是一个在加利福尼亚
北部幸存的孑遗物种，和一个在波罗的海琥珀化石中发现
的存在于 4500 万年前的已灭绝物种，在它们身上还存在
着单眼。尽管衣鱼不能跳跃，但行动非常敏捷，在危险来
临的时候能以迅雷不及掩耳之势逃脱。

表面看来，这两个类群貌似非常相似，但是从进化的
角度来看，它们却完全不同。它们的故事里最引人入胜的
情节隐藏在看似无关紧要的解剖学细节之中。石蛃具有一
对上颚，通过一个球窝关节连接到头部，使它们能够像螺旋钻头一样旋转。
石蛃便是利用这样的上颚在地表刮擦，取食它们赖以为生的地衣和藻类的。
这种原始的关节也存在于内口纲动物身上，其结构包括上颚的一个拇指状的
髁状突，它能够插入头壳上边与之对应的杯状关节窝中。石蛃目的拉丁学名
为"Archaeognatha"，其中"*archaíos*"的意思是"古老的"或"原始的"；
而"*gnáthos*"的意思是"下巴"的意思。顾名思义，这个学名就体现出石蛃
目的上颚保留了这种原始形式——具有单一的关节连接。

衣鱼目的上颚有两个与头壳相连的关节，不像石蛃目仅有一个。其中一
个关节跟石蛃目的相似，是上颚上一个拇指状的髁状突插入头壳中对应的关
节窝。这个关节位于衣鱼上颚的末端。而在其上颚的前端，第二个连接系统
是独立进化出来的，它也同样包含一个突起和关节窝，但与之前相反的是，
这个髁状突位于头部，而关节窝则着生在上颚。这种双关节（或者称为"双
髁"）的上颚不仅存在于衣鱼目，更重要的是其他所有昆虫也都具有这种结

构。双髁结构的上颚不能旋转，取而
代之的是像剪刀一样的运动，这样可
以产生更大的力。和其他所有除石蛃
目以外的昆虫一样，衣鱼目的产卵器
底部出现了一处独特改进，使其具有
更强的控制力。这些特征以及基因组
DNA 序列共同证实了，尽管衣鱼目长
得和石蛃目更像，但它们是有翅类昆
虫现存关系最近的近亲。事实上，我
们从衣鱼目的拉丁学名 "Zygentoma"
中也能看出这种谱系关系——"Zy-
gentoma" 由古希腊语中的 "zygón" 和
"éntoma" 组成，前者的意思是 "轭"，
即一种将两头牛连在一起的木质横梁
状结构；而后者的意思是 "昆虫"。因
此 "Zygentoma" 的意思可以理解为将
无翅动物和有翅类昆虫联结在一起的
"车轭"。

　　于是，小小的衣鱼目昆虫，作为
生物界多样性最蔚为壮观的有翅类昆
虫的姊妹种群，就拥有了一个极为特
殊的地位：要知道，有翅类昆虫占到

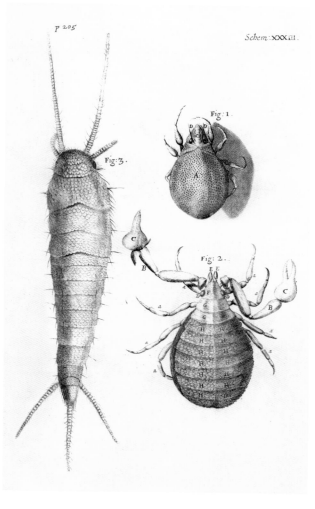

了昆虫多样性总数的 99% 以上，也超过了我们今天已知所有物种的一半。下
次当您深夜进入厨房，看到一只衣鱼从冰箱或者烤箱下匆匆跑出来的时候，
不妨想一想这个惊人的事实吧。

（上图）尽管相比于它们的有
翅类近亲来说，衣鱼目受到的
关注很少，但是罗伯特·胡克
用他最新研发的显微镜还是观
察了一只常见的衣鱼，还有两
只蛛形纲生物（上面是螨虫，
下面是伪蝎）。（该图摘自胡克
的《微观图谱》）

（下页图）一只巨大的蟑螂的
细节图。[该图摘自让·维克
多·奥杜因（Jean Victor Audou-
in）的《昆虫的自然史》(Histoire
naturelle des insects，1834)]

六足动物里的先驱

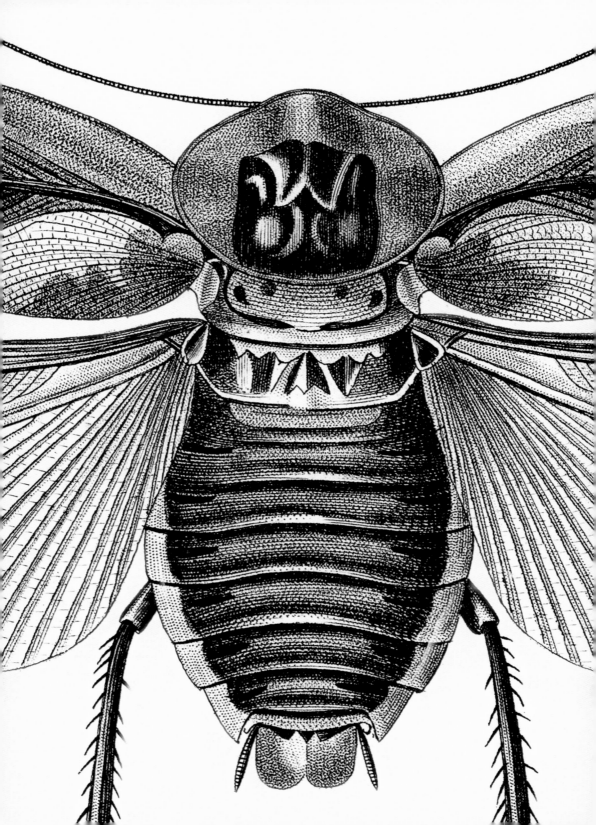

4

飞向天空的昆虫

"蝴蝶的力量一定在于其飞翔的能力，
壮丽的草原为之臣服，它只是轻松地掠过天空。"

——艾米丽·狄金森（Emily Dickinson），
《诗词全集》（*Complete Poems*，1924）

当我们为昆虫惊叹的时候，多半是它们的翅膀激发了我们的兴趣。蝴蝶和蛾子翅膀上的各种图案、甲虫鞘翅上的金属光泽或光斑，以及蜻蜓和草蛉精美的翅脉，都让我们眼前一亮。大多数昆虫依靠翅膀的挥动产生维持它们在空中运动所必需的升力和推力。飞虫是如此众多且无处不在，以至如果要求人们迅速在脑海中描绘一位昆虫学家的形象，绝大多数人会不约而同地想到：一个手持捕虫网的人，正准备将网扫向空中捕获他的猎物。这样的描绘很容易让人想起加里·拉尔森（Gary Larson）的动画片——《远方》（*Far Side*）中的画面。

除了上一章中介绍过的那几个目，所有现生的昆虫都属于一个大的亚纲——有翅亚纲（Pterygota），很明显是因这类昆虫都具有翅膀而得名——在希腊语中，"pterx"是"翅膀"的意思。在英语中，正因为大多数昆虫都能飞行，很多昆虫的英文俗名就都包括"fly"这个词，简单举几个例子：蜉蝣（mayfly）、蜻蜓（dragonfly）、石蝇（stonefly）、蝶角蛉（owlfly）、蚋（black fly）及蝴蝶（butterfly）。而目光敏锐的读者，会发现其中有一个名号更为特殊。在上述昆虫中，只有蚋是真正意义上的蚊蝇类[1]，也就是我们常说的双翅目，包括了所有我们称为蚊蝇的物种。有翅亚纲的其他昆虫都有两对翅膀，而双翅目昆虫只有一对明显的翅膀。上面枚举的那些昆虫虽然俗名中都包括"fly"，但它们不属于双翅目，而是分属于其他不同的目。它们与双翅目的亲缘关系之远，犹如双翅目与甲虫或蟑螂的区别。很久以前，为了取名的便捷及受我们对这些小型动物观察的局限，人们将任

（右页图）非洲南部常见的赭翅齿脊蝗（*Phymateus morbillosus*），其后翅赭红色，与蓝色的前翅及黄色的腹部形成鲜明对比。[该图出自爱德华·多诺万（Edward Donovan）《中国昆虫自然史》（*Natural History of the Insects of China*，1838）]

1　译者注：在英语中，"fly"还有"蝇"的意思。

Pl. 13.

Locusta morbillosa.

何微小能飞的节肢动物都简单地称为某蝇。直到几个世纪后，我们才了解它们在昆虫纲的谱系属于不同分支。那么，既然有这么多不相关的昆虫的英语俗名后面都有一个"fly"，人们怎样才能区分清楚呢？在昆虫学中，有这样一条普遍的经验法则，由著名的昆虫学家、解剖学家罗伯特·E.斯诺德格拉斯（Robert E. Snodgrass，1876—1962）提出："如果一种昆虫名实相符，那么将这两个单词分开写，否则就把它们连写在一起。"例如，衣鱼（silverfish）不是鱼，而蜻蜓（dragonfly）和蝴蝶（butterfly）也自然不是什么苍蝇（fly）。虻（horsefly）是能够吸马血的蝇类，理所当然是真正的双翅目，这在它的英文俗名中也得以体现。当然，它们也确实是能飞的。

我们人类对于昆虫具有飞行能力的天性，似乎并不特别在乎。蚊子在我们耳边嗡嗡作响，蜻蜓在池塘轻轻点水，蝴蝶在我们的花园里飞来飞去，我们几乎都不会去特别留心，或许除了蚊子吧。这类飞行可不同于其他动物那样仅仅从悬崖边安全地滑翔而下，而是一个主动的过程，能从任何地方起飞，并且自主控制飞行的速度和方向。飞行为生命体提供了崭新的生存体验，使其能够进入新的栖息地，能够快速逃离危险，能够以全新的方式发现庇护所，找到食物或者伴侣。正如英裔美国诗人约翰·G.马吉（John G. Magee，1922—1941）所说，积极地对抗地球引力，摆脱"尘世粗暴的枷锁"，是一项不可思议的成就，绝非易事。英国讽刺作家道格拉斯·亚当斯（Douglas Adams，1951—2001）在他的《生命、宇宙与万物》（*Life, the Universe and Everything*）一书中精辟地概括总结了飞行的演变，他写道："飞行是一门艺术，或者一种

　　　　　　　　　　　缤纷的昆虫

本能。诀窍就在于学会如何把自己摔向地面然后安全着陆。"如今，可能有多达 500 万种生物能够经常轻松安全着陆，而在长达 4.1 亿年的历史长河中，可能还曾有超过 1 亿种生物在其祖先第一次扑向地面并掌握诀窍之后，也学会了飞翔。

动物界中只有四个分支成功霸占了我们的天空：昆虫、鸟类、蝙蝠以及早已灭绝的、会飞的爬行动物——翼龙。在所有这些生物中，昆虫是大自然中最早的飞行者，也是所有生命中第一个凭借自身动力飞向天空的物种。时至今日已知的具翅昆虫已超过 100 万种。在翼龙和很久之后才出现的鸟类以及最后出现的蝙蝠成为"空中霸主"之前，昆虫是 1.7 亿年来唯一会飞行的动物。而当其他动物飞上空中之时，昆虫早已花费了比恐龙灭绝后这 650 多万年长出 2.5 倍的时间，精进它们在空中飞行的技巧。当人们悠闲观赏着一只蜜蜂在花朵前轻轻盘旋飞舞时，不会想到这可是昆虫们在至少 4.1 亿年的演化中不断完善飞行技巧的结果。昆虫为世界带来飞行，而飞行为昆虫带来了整个世界。

昆虫胸部结构图解，展示了翅的关节

昆虫翅基部，位于形成其胸背板和侧板的外骨骼之间，翅膀与胸部侧面的关节相连，这个关节起着翅膀支点的作用。支点中靠前的小型外骨片（称为"前上侧片"，有时候分为两个部分，如图所示）和位置靠后的外骨片（称为"后上侧片"）有肌肉相连接。当肌肉收缩时，翅膀向前或向后倾斜（也就是翅膀挥动）。图片临摹自罗伯特·E. 斯诺德格拉斯的《昆虫的胸部及其翅关节》（*The Thorax of Insects and the Articulation of the Wings*）书内原图。

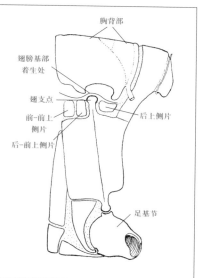

翅膀的演化和机能

对鸟类、蝙蝠以及翼龙来说，翅膀的进化过程比较直接，在这些例子中，翅膀都是前肢的一种适应性变形，其骨骼的组成与排列和它们的近缘物种基本相同，但更加适应飞行。相比之下，昆虫翅膀的起源则一直是演化生物学中最令人头疼的谜团之一。昆虫的翅膀可不是特化的前足，因为所有飞行的昆虫几乎都保留着原始的六条足，还多出了两对翅膀。所以昆虫的翅膀并不是足的特化。那么，它们的翅膀究竟是怎么产生的呢？这个令人头疼的问题困扰了一代又一代最为睿智的昆虫学家们。在过去150年里，各种假说泛滥；直到最近，比较解剖学和现代发育遗传学才共同为我们提供了统一的答案：翅膀的主体是由昆虫胸部外骨骼上壁的薄薄一层延伸物形成的，并铰接在其基部。形成铰接关节的基因结构在铰接腿的发育过程中就已存在，而正是这组基因经复制并发挥作用，才使翅膀基部的运动得以实现。

脊椎动物在飞行过程中，可以主动调控与飞行相关的数条肌肉，来加强翅膀的运动；而昆虫翅膀的运动则是一个相对被动的运动。操纵翅膀的唯一肌肉位于胸腔之内，并不会延伸到体外及翅膀之内。简单说来，昆虫的翅膀有点像一根长桨。胸内的肌肉主要有两种类型，一种是从体背连接到体腹，（即上下结构的背腹肌），一种是从体前端连接到体末端（前后结构的背纵肌）。上下结构的肌肉收缩使得胸部外骨骼本身的形状发生改变。胸部的侧面像是一个支点，当背腹肌收缩时，支点末端的翅膀就向上运动。当这些肌肉放松时，背纵肌收缩，使得翅膀发生相反的运动。其余附加肌肉会牵扯翅膀基部前端和后端的体壁，使得翅膀向前或向后倾斜，这样便扩展了翅膀运动的范围。实际上，大多数昆虫的翅膀并不仅仅是上下摆动，而是呈现"8"字形运动，而昆虫飞行的空气动力学也比看上去更加复杂。

那些最小的昆虫的飞行方式则完全不同，因为对于这些微小的动物而言，空气本身就是一种黏性环境，因此它们的运动就像是在浓稠的液体中游泳。这是当翅膀通过流体（如空气）时候，惯性和黏性力互相作用，产生尺度效应的结果。最简单地说，大型翅膀在空中快速运动的过程中，主要承受的是惯性力，以及很小的扰动，这是翅膀在运动中搅动各个气流层所形成的，被称作"层流"（如果你置身飞机之内，理想情况下是不会产生任何扰动的）。

随着翅膀尺寸逐渐缩小，黏性力的相对作用就会增大，当飞行物反向推动空气的时候，各层之间出现的扰动也越显著，从而产生所谓的"湍流"。如此越来越强的黏性力作用，就解释了为什么最小型的昆虫的飞行动力机制与大型的蜻蜓或蝗虫是如此不同。同样的效果，也可通过减缓大型翅膀的速度来实现，这是因为更慢速度的湍流可以产生更大影响。于是乎，在这些力和其他力的相对重要性之间，就有了一种复杂的区分，都与翅膀的大小、形状以及昆虫躯体相应的大小、形状息息相关。

虽然这样的薄翼是一种被动结构，但它在飞行过程中确实也能发生形变。翅膀内部有一系列微小管道，它们是昆虫呼吸系统中气管的延伸物，也是我们所观察到的翅脉。翅脉有助于维持翅膀的形状，为外骨骼形成的这层薄膜提供支撑。同时，翅脉也界定了翅膀上的薄弱区域，使得这些膜质区

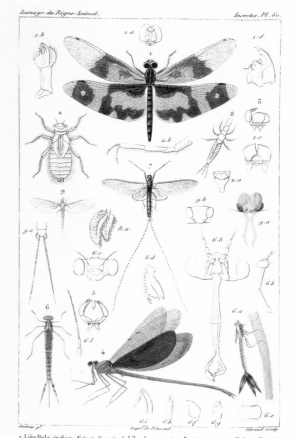

在翅膀的某些特定运动过程中变得柔软易变，这样就可形成某些特定的扭曲，令某一种群的昆虫可以做出并控制其特有的飞行姿态。此外，一些昆虫的翅脉更密集地聚集在翅膀前缘，甚至聚向翅膀的顶端，融合成一厚块。这就为翅膀用力向下扇动，提供了重量和力道，以避免翅膀产生颤动抵消掉飞行的力。

昆虫的翅膀似乎有数不清的样式，它们在演化过程中被赋予了很多功能，而不仅仅是为了飞行。翅膀经过出色的演化，使昆虫可以利用寒夜之后晒到的第一缕阳光来温暖自己、迷惑甚至吓退潜在的捕食者、表达自己并与配偶

原始的有翅昆虫：从上到下依次是，一种具有华丽翅膀图案的斑丽翅蜻（*Rhyothemis variegata*）、斑巨蜉蝣（*Hexagenia limbata*）和绿色金属光泽的华艳色螅（*Neurobasis chinensis*）。[该图出自菲尼克斯－爱德华·盖兰-梅内维（Félix-Edouard Guérin-Méneville）的《乔治·居维叶的动物界图册》（*Iconographie du règne animal de G. Cuvier*，1829—1844）]

昆虫学的"希望"（HOPE）

在 19 世纪早期的伦敦，最适合讨论各种有关昆虫学话题的地方，莫过于牧师佛雷德里克·W. 霍普（Rev. Frederick W. Hope，1797—1862）及其夫人艾伦·梅瑞狄斯（Ellen Meredith，1801—1879）的住所了，同时这里也是他们的私人"博物馆"。艾伦曾受到那位后来连任两届英国首相的本杰明·迪斯雷利（Benjamin Disraeli，1804—1881）追求，但她却与霍普坠入了爱河。霍普和艾伦都出身名门望族，他们把自己的财富都倾注在了搜集世界一流的自然标本上，还收藏了大量图书和数以万计的版画。霍普对甲虫有着强烈的偏爱，但他既不回避其他昆虫，也不忽略自然科学的其他分支。他是查尔斯·达尔文年轻时的密友，后者尊称霍普为他的"昆虫学之父"。在 1829 年 6 月，他们还曾一起在威尔士采集甲虫。

（上图）约翰·韦斯特伍德的专著极大地受益于他卓越的艺术天赋，他所作的插图也被当时的博物学家们追捧。这里展示的是一只巨大的大尾天蚕蛾（*Actias maenas*），以及一只大型具有白彩底条纹的甘蔗天蛾（*Leucophlebia lineata*，或称黄条天蛾）。[该图出自韦斯特伍德的《馆藏东洋区昆虫》（*The Cabinet of Oriental Entomology*，1848）]

霍普和妻子非常慷慨，他们向所有有志者开放自己的藏品供其研究学习，霍普甚至还会为他人提供开展科研所需的资金和材料。霍普在成年后的大部分时间里健康状况并不理想，在年仅 40 多岁的时候就开始从他负责的许多协会和活动中退居二线了，尤其是他深爱的伦敦昆虫学会（今天的英国皇家昆虫学会），他也是该协会 1833 年成立时的创始人之一（1835年，艾伦成为这个充满学术氛围的学会里首位女性研究员）。霍普向自己的母校牛津大学表示，希望将他们的藏品交给母校保管，并任命一位馆长来管理这些标本。1855年，牛津大学为其新自然博物馆奠基，而来自霍普的大规模捐赠也确保了霍普昆虫学馆藏（包括他大量的书籍和辅助资料）将得到妥善保管。霍普选择约翰·O.韦斯特伍德作为其藏品的馆长，并于1858年正式任命于他。因为除了韦斯特伍德他并不相信其他人能胜任这个职位。

韦斯特伍德原本最早学的是法律，但是他极为讨厌这个专业。他对博物学、考古学、纹章学和中世纪艺术更感兴趣。到了1820年，他开始大量收集昆虫，并与昆虫学家交换标本。1824年3月，韦斯特伍德遇到了霍普，两人成了忠实的朋

（上图）各种各样的锹甲（锹甲科，Lucanidae）。（该图出自韦斯特伍德的《馆藏东洋区昆虫》）

友。10年后，霍普任命这位小伙子成为他的昆虫标本（甲虫除外）管理员。最后，霍普设立了一个教授的职位，即霍普中心动物学（昆虫学）教授，韦斯特伍德在1861年担任该职务并成为该中心的主席，直到他去世。

韦斯特伍德确实是理想的候选人，因为他拥有广博的专业知识，许多人认为他是昆虫学领域的最后一位博物学家。除了在昆虫学上的造诣，他还是一位才华横溢的艺术家。他的作品因其所绘主题的准确性和微妙之美而备受瞩目，他也慷慨地为朋友和同事们进行创作。韦斯特伍德丰富了霍普的收藏，并借助其提供的资源购买了重要的标本、版画、绘画以及所有力所能及的昆虫学素材。韦斯特伍德著述广泛，出版了当时先进的昆虫学教科书并因此获得了1855年皇家学会的金质奖章，教科书中有着当时已知所有昆虫类群的专著和文章，并且配有精美插图。

与那个时代其他博学的绅士一样，韦斯特伍德的专长不仅仅局限于一个学科，他同时也是《寒武纪考古学》（Archaeologia Cambrensis）的定期撰稿人，也是关于古代象牙制品和古文字学公认的权威。韦斯特伍德不想再看到有关昆虫学的知识逸失，便重新印刷发行较旧的作品，对其内容进行扩展和改进，例如爱德华·多诺万的《中国昆虫自然史》和《印度昆虫自然史》

（上图）从不同角度展示采集自缅甸、泰国及印度东北部的青箭环蝶（*Stichophthalma camadeva*）的翅膀。（该图出自韦斯特伍德的《馆藏东洋区昆虫》）

（上图）介壳虫中特化的雄虫（介壳虫科，Coccidae）、人们通常很难把它们与相应的雌虫联系在一起，因为雌虫的身体在演化的过程中退化为扁平、柔软的卵形，通常体表还覆盖着蜡质。［该图出自韦斯特伍德的《昆虫的奥秘——新的、罕见的、有趣的昆虫插图》（*Arcana Entomologica; or, Illustrations of New, Rare, and Interesting Insects*，1845）］

（*Natural History of the Insects of India*，1842）。他还会收购被放弃的项目，并代表其原作者去完成这些作品。韦斯特伍德似乎充满着能量，他吸引了许多人来研究昆虫。他乐于接纳所有人的观点，只有达尔文例外，因为韦斯特伍德仍是一名坚定的反演化论者。然而具有讽刺意味的是，他的许多发现支持了达尔文的假说。

　　霍普昆虫学中心存续至今，在韦斯特伍德之后有过五位继任者，每位都以自己的方式构建着昆虫学的知识殿堂。霍普通过韦斯特伍德、自己的标本收藏以及他所提供的资助，推动了昆虫学的发展，并且为昆虫学带来生机。直到今天，这一学科仍从他的遗产中受益。

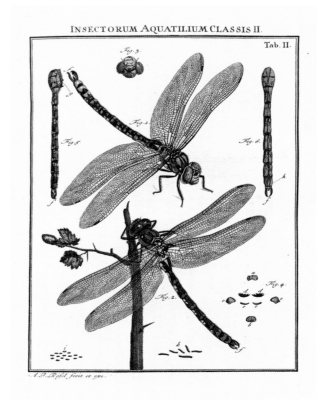

INSECTORUM AQUATILIUM CLASSIS II.

Tab. II.

(上图)蜻蜓的成虫（蜻蜓目，Odonata）。（该图出自奥古斯特·冯·罗森霍夫的《昆虫自然史》）

交流、覆盖并保护躯体，甚至在必要的时候，它们会主动脱落掉翅膀以免影响自身其他生命功能。简言之，昆虫的翅膀并不只是翅膀而已。

有翅昆虫的幼虫在达到性成熟之前是不能飞行的。它们要么完全没有翅膀，要么只有发育不完全的翅芽。完全成型且功能齐全的翅膀，仅在昆虫羽化到成虫期才出现。无翅的石蛃目和衣鱼目在整个生命周期中都会蜕皮，包括性成熟之后；而有翅昆虫在性成熟之后则停止蜕皮。但蜉蝣目是一个例外。对蜉蝣目而言，具有功能性的翅膀是在倒数第二次蜕皮的时候出现的，也就是说，这些昆虫在能够飞行后才蜕掉最后一次皮。

绝大多数的昆虫都有翅膀，正是翅膀的多样性反映出昆虫的多样性：蜉蝣、蜻蜓、蟋蟀、蝗虫、蟑螂、螳螂、白蚁、蚜虫、田鳖，等等。每一种昆虫都有其独特的适应能力和五花八门的生活史。有翅昆虫能做到的不仅仅是飞行，在它们的演化过程中，有的适应了淡水溪流和湖泊，有的建造了精致的巢穴并产生了社会性，还有一些脱落了翅膀变成寄生虫。与原始的无翅昆虫（请参阅第三章）一样，有翅昆虫也依照分类学被分成不同的目，其中很多都是由林奈首次认定的。基于昆虫不同形式的翅膀，林奈分别给予它们相应的命名，因此大多数目级阶元的原始拉丁学名都以"ptera"（来自希腊语"pterón"，是另一个意为"翅膀"的词）为词缀。这种命名模式基本仍为后来的昆虫学家所遵循，当有新的目被发现，或者当科学研究显示林奈当初撒的"网"太开，把不相关的昆虫分到了一个目里时，就会以这种方式命名。这些目的特征千差万别，不可能将它们一概而论，只有逐个分别介绍，才能使人理解每一个目的特别之处。

缤纷的昆虫

蜉蝣目和蜻蜓目

　　最早的飞行昆虫有着向外伸展的翅膀，但没有能使翅膀平折在腹部上面的特化结构。休息时，它们的翅膀要么向两侧平展，要么竖起在身体上方。这种形式的翅膀被称为"古翅类"。在约 2.52 亿年前结束的古生代，有着类似翅膀的昆虫种类繁多、数量庞大，占据着统御地位。而今天古翅类昆虫只有两个分支留存下来，延续着昔日辉煌的余晖——蜉蝣目（蜉蝣）和蜻蜓目（包括蜻蜓和豆娘）。蜉蝣，蜻蜓和豆娘均常见于池塘和溪流附近，因为它们的幼体生活在淡水中。不过，蜉蝣目和蜻蜓目这种水生习性是各自独立进化出来的。蜉蝣、蜻蜓和豆娘的水栖无翅幼体被称为"稚虫"（naiad）。英语中"naiad"这个词是对希腊神话的致敬，在希腊神话中那伊阿得斯（Naiads）是掌管湖泊和溪流等淡水的女神。这些昆虫的稚虫必须从水中爬出，才能羽化成虫。它们的翅膀会从稚虫的外骨骼内展开，并逐渐变硬和干燥，然后就能飞行了。由于这两个目的稚虫十分依赖它们所生活的水域，因此它们的种群健康程度通常是一个很好的水质指标。

　　蜉蝣通常体型细长，前翅宽阔而后翅退化或有时完全消失。蜉蝣的稚虫味道一定很棒，因为它们是许多鱼类和其他水生肉食动物的主要食物来源，于是也受到钓鱼爱好者们的青睐，孜孜不倦地模仿着蜉蝣的稚虫来制做诱饵。实际上，存在着一整套与飞钓（fly tying）相关的产业，人们也已经写出并将继续编写大量书籍，内容涉及如何制作出一个完美的类似即将羽化稚虫的鱼饵，以及如何在水中拖拽鱼饵以模仿特定的蜉蝣稚虫在水中运动的方式。

　　成年蜉蝣的特殊之处在于它们保留了残存的口器，但是并不进食。这

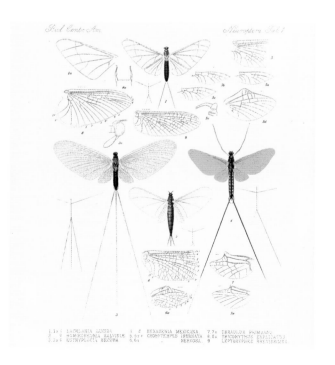

（下图）蜉蝣是最原始的飞行昆虫，图上方彩色的是神寡脉蜉（*Lachlania lucida*），下方从左到右：赫库芭巨突蜉（*Euthyplocia hecuba*）、同生寡脉蜉（*Homoeoneuria salviniae*），以及墨西哥巨蜉（*Hexagenia mexicana*）。[该图出自《中美洲生物志：昆虫纲·脉翅目·蜉蝣科》（*Biologia Centrali-Americana. Insecta. Neuroptera. Ephemeridae.*, 1892—1908）]

意味着成年蜉蝣只能依靠在稚虫阶段积累的营养来生存。有些种类的稚虫是肉食动物，另一些则取食藻类。因此蜉蝣成虫的生命很短暂，许多种类只能存活几天甚至几个小时，它们存在的唯一目的就是寻找伴侣。蜉蝣目的拉丁学名"Ephemeroptera"就可以反映出它们短暂的生活史。希腊语中"ephémeros"的意思是"今天"。生命如此短暂，在寻找合适伴侣的时候它们可没时间用来浪费，因此成年雄性和雌性的出现是高度同步的。在春季或夏季里的某些个特定的傍晚，蜉蝣的成虫会大量出现，在灯光周围常常能看到由蜉蝣组成的乌云，最大的群聚数量达到上千万只，其个体数量之多、密度之大，足以遮挡住驾驶员视线并堵塞汽车的散热器，导致交通瘫痪。

虽然群体聚集明显增加了雄性和雌性碰面的机会，但也吸引了许多投机的捕食者，渴望来一顿蜉蝣饕餮大餐。鸟类、蜘蛛、蜻蜓和许多其他捕食者都会参与这一盛宴。蜉蝣是古老的昆虫，可以想象在远古时期，最早的鸟类、哺乳动物甚至小型恐龙也曾在某种原始蜉蝣的大规模聚集中大快朵颐。雄性和雌性蜉蝣在飞行中交配，然后后者通常会将卵洒入水中，某些蜉蝣也可能降落到水面，将其腹部插入水中产卵。当交配和产卵的任务完成之后，雄性和雌性蜉蝣很快便会死亡，结束它们作为成虫的短暂生命。

蜻蜓和豆娘通常白天飞翔在池塘和溪流旁，因其体型较大，色彩鲜艳，所以深受业余昆虫学家们的喜爱。蜻蜓目的6000余种昆虫都是娴熟的"飞行家"，它们在空中能够快速地机动腾挪，并随时急停，盘旋巡视自己的领地。

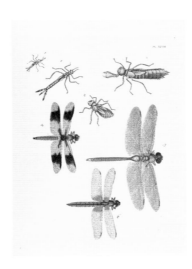

它们是伟大的空中掠食者，拥有敏锐的视觉，能够在飞行过程中捕捉猎物。它们的交配方式非常与众不同，雄性首先把精子转移到腹部下方的一组器官中，再用腹部末端勾住雌性颈部使其稳定下来。然后雌性弯曲腹部，接受来自雄性第二腹节相应器官里的精子。它们交配时呈现出一种相当扭曲的形态，就像一个心形。

我们人类发明的喷气式发动机可算是了不起的工程成就，但蜻蜓在人

（右图）各种各样彩色的蜻蜓（蜻蜓目）和它们的水生稚虫，右上角的一只伸出了它当下唇特化而成、用来捕食的凶猛面罩。（该图出自德鲁里的《异域昆虫图鉴》）

类之前，甚至是灵长类动物出现之前，就已经拥有一套喷气推进器了。绝大多数蜻蜓稚虫能够在水下通过特有的喷气系统前进。这些小动物在呼吸时将水吸入直肠，然后用相当大的力将其喷出，使它们可以迅速逃离天敌或者扑向猎物。在后一种情景中，猎物会被蜻蜓稚虫凶狠的"面罩"抓住。这里所说的"面罩"其实是细长的下唇，即它们口器附肢的一部分。蜻蜓目稚虫的这个结构向前延伸并覆盖住头部下表面，包裹了其他口器结构。该"面罩"可以将猎物（一些大型蜻蜓稚虫甚至可以捕捉小鱼）拽向稚虫头部下方一对凶猛的上颚。

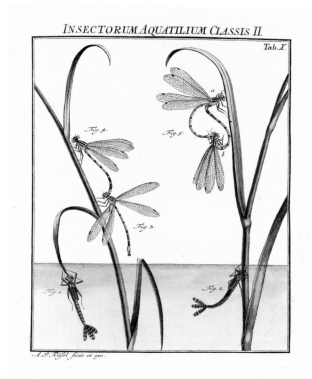

INSECTORUM AQUATILIUM CLASSIS II.

Tab. I.

A.I. Rösel fecit et exc.

（上图）豆娘（蜻蜓目）同样也有水生的稚虫。图上方是交配中的一对成虫，雄性抓住雌性的颈部，一起形成了看似心形的形状。（该图出自奥古斯特·冯·罗森霍夫的《昆虫自然史》）

襀翅目

　　不同于蜉蝣、蜻蜓和豆娘，其他所有飞行昆虫的翅膀都可以在不用的时候保持向后折叠、平铺在腹部之上的状态，拥有这种特征的昆虫被称为"新翅类"昆虫。这种变化能够让昆虫在不使用翅膀的时候保护好它们，并有助于将翅膀用于飞行之外的一些功能上。在众多昆虫目里，最早拥有这类翅膀的是石蝇，它们如同蜉蝣、蜻蜓和豆娘一样，幼体阶段也称为"稚虫"并生活在淡水中，同样也是良好水质的指标物，一旦水质有污染，它们也就会迅速消亡。它们的目级拉丁学名为襀翅目（Plecoptera），这个词源于希腊语"plék"，字面意思是"衣褶"，以形容它们宽大后翅上的褶皱，这其实也是一些其他类群共有的特征。雄性和雌性石蝇通过在物体表面敲击腹部来进行交流，通过它们的"摩斯密码"来定位彼此，就像它们之间独一无二的信号。近3500种襀翅目的成虫几乎也不进食，它们把大多数的时间花在寻找配偶和求爱上。许多雌性石蝇边飞行边产卵，低飞过水面时将卵大量洒向水中，

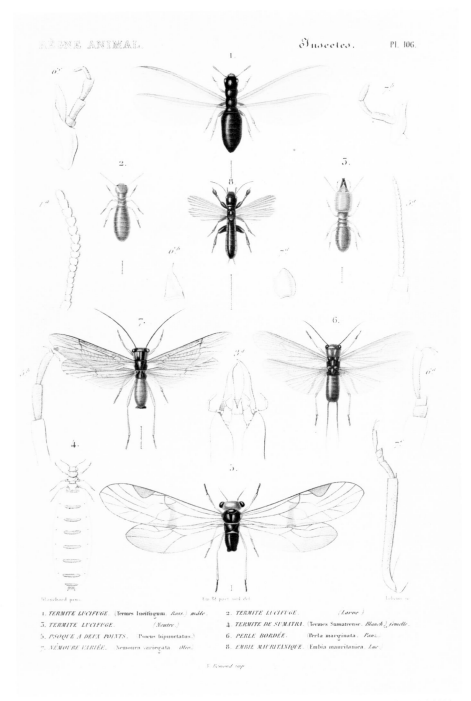

（上图）各种各样的有翅昆虫：欧洲散白蚁（*Reticulitermes lucifugus*）的三种不同等级（上图左：工蚁，图顶端居中：具翅蚁后，上图右：兵蚁）；在工蚁和兵蚁之间的是毛里塔尼亚足丝蚁（*Embia mauritanica*）；位于图片中央的是短翅石蝇（*Brachyptera risi*）和普通石蝇（*Perla marginata*）；位于画面最下方的是双斑啮虫（*Psocus bipunctatus*）。（该图出自居维叶的《动物界的生物划分》）

就像轰炸机一样，而有些则会在水域表面蹭过，通过这种方式"清洗"掉她们腹部的卵。

石蝇的稚虫通常以藻类和水生植物为食，不过也有一些类群已演化为杂食性的食腐动物，甚至还有一些肉食性的。它们几乎都生活在水里的石头下，以躲避捕食者，这正是它们俗名"石蝇"的来历。这些体型修长的稚虫都是活跃的游泳健将，它们腹部具有一系列特殊的肌肉，使其在游泳时能像鱼一样左右摆动身体。它们是唯一能够做出这种运动方式的水生昆虫。

纺足目和缺翅目

这是两个亲缘关系可能比较近的目，均为比较罕见的小型群居型动物。前一个目俗称"足丝蚁"（webspinner），这个名字或许让人想起蜘蛛和它们悬在走廊灯旁的圆形蛛网，但在这里指的是分类学上的纺足目（Embioptera），这个学名象征着这类昆虫的活力：词源来自希腊语的"*embios*"和"*eidos*"，分别是"活力"和"外观"或"外形"的意思。这类小型昆虫生活在用丝编制的廊道中，它们的廊道遍布树干或岩石之上。丝是从它们前足里的大腺体中产生的。足丝蚁体长通常为7～20毫米，一般以数量不超过30只的规模群居，都生活在它们廊道的丝织疆界以内。雌性足丝蚁就在廊道里照看它们的卵和年幼的若虫。一般情况下，雌虫会在建造新的隧道后褪去翅膀，而在翅膀脱落之前，它们也与其他飞行昆虫的翅膀有所不同。足丝蚁的翅脉纤细透明，并在翅膜之间形成空腔结构，而这些翅脉又很柔韧且易压缩，这个重要细节就使它们可以在丝制廊道里退行时不被缠绕。尽管这种轻薄的构造看上去对飞行来说并不是很有效，但足丝蚁在空中飞翔时却相当轻快。这是因为足丝蚁飞行时能将血液泵入翅脉的空腔中，从而形成液压使翅脉变硬以支持飞行。

类似这样群居在腐烂原木的树皮之下而不是丝网中的，还有微小的缺翅目昆虫。这类昆虫通常体长不到3毫米，大约一个世纪之前，也就是1913年才被发现，而且非常罕见，以至于它们连一个俗名也没有，尽管在英语国家，有人试图推广将它们称为"天使之虫"（angel insect）。它们通常看上去有点儿像栗色的白蚁，但是与白蚁毫不相关。它们生活的腐烂原木必须是非

常柔软的，甚至树皮在手中一捏即碎。缺翅虫一般以不到100只的数量群居
生活。在领地中，雌虫一次只产数个卵，并会不断地清理它们以去除细菌或
真菌等病原体。

缺翅目昆虫最与众不同的地方，可能是当它们处于群居的不同阶段时，
能够以两种不同的形态出现。大多数时候，它们是没有翅膀和视觉的，以真
菌、线虫甚至螨虫为食。缺翅虫一开始便是以这种无翅型被意大利昆虫学家
菲利普·西尔维斯特里（Filippo Silvestri，1873—1949）发现的，他的大学办
公室窗外就是近在咫尺的维苏威火山。他认为它们完全不具备飞行能力，因
此给它们命名的意思是"完全没有翅膀"（在希腊语中，"zoros"是"纯粹的"，
前缀中的"a−"是希腊语中表示"没有"、"非"的否定前缀）。然而不久之后，
这个命名的错误之处就被发现了。这些昆虫其实也有翅膀，但只有当它们的
种群需要扩散时才会出现。当它们栖息的原木资源逐渐耗尽，或者领地"虫"
满为患的时候，一些卵会孵化成具有较大复眼和桨状翅膀的个体，它们的翅
膀上带有淡淡的斑点，那是退化的翅脉的痕迹。这类新生的缺翅虫完全具备
飞行能力，因而它们会分散开去寻找新的原木并建立新的家园，然后繁殖产
卵，而这些卵又会变成不能飞行、也没有视力的个体。

背翅目

这是另一个新近被划分出来的类群，在1915年首次被认定为一个目级
阶元，由分布在北半球且无翅的蛩蠊，和分布在非洲撒哈拉以南的螳蟰组成，
它们都是曾经分布很广的具翅昆虫的遗孤，如今只有大约50种。这两个类
群合并为了现在的背翅目（Notoptera），这个名字主要是因其胸部的背板而
来的（希腊语中，"noton"是"背部"的意思）。命名者盖伊·C.克兰普顿（Guy
C. Crampton，1881—1951）最初认为，它们之所以没有翅膀，是因为其翅膀
组织被胸部背面的扩展部分取代了。蛩蠊（ice crawlers）这种可以在冰上爬
行的动物，看起来有点像是蟋蟀和无翅蟑螂的杂交体，它们在雪堆中爬来爬
去，取食那些由于寒冷而行动迟缓的小型节肢动物或它们的尸体。蛩蠊不喜
欢高温，但它们也并不是那么耐寒，如果温度比冰点低很多，它们也会冻死。
相比之下，它们在非洲南部的姊妹螳蟰（heel walkers）则在温暖干燥的气候

中苗壮成长，在那里它们是夜行性动物，栖息在岩石堆或草地中。螳䗛爬行的时候会翘起"脚尖"，因此它们的英文名是如此特别（"heel walkers"直译为"脚跟行者"）。螳䗛形似一只蹲伏的螳螂和一只竹节虫的结合体，尽管此前它们的标本已在科研标本馆中保存了近100年，但是这类昆虫直到2000年才被正式描述。

革翅目

（左图）尽管有这样的谣言：蠼螋善钻人耳且使人发疯，但是这种欧洲蠼螋（Forficula auricularia）其实是无害的，而且这个物种的雌性实际上是非常溺爱孩子的母亲。[该图出自约翰·柯蒂斯（John Curtis）的《不列颠昆虫志》（British Entomology，1823—1840）]

蠼螋（earwig）是具翅昆虫中较为人所知的一类，几世纪以来，它们一直因为名誉不佳而遭遇麻烦，至今仍让人恐惧和反感。它们的英文俗名源于古英语"arwicga"（相当于"ear"和"insect"的合并缩写，"ear"是"耳朵"，而"wicga"代表"昆虫"的意思），这个名字的灵感源于以前的人们认为它们会经由人耳钻进大脑产卵，并给人们带来痛苦和精神错乱。实际上，这些昆虫并没有那么大的神通，不过它们倒确实喜欢生活在黑暗、温暖而潮湿的缝隙中。通常人们能够在树皮下、石头下或者林地下的落叶丛中发现它们。在极罕见的情况下，也有蠼螋爬进过人耳或鼻孔中，但它只是为了在寒冷的夜晚保暖，而这类极端情况在甲虫或其他昆虫身上同样也会发生。恰恰与它们令人生厌的名声相反，一些种类的蠼螋还被用来控制农业害虫的种群数量，尤其用在猕猴桃和一些柑橘类作物上。革翅目昆虫有2000余种，主要分布在热带和温带地区。尽管它们大部分是昼伏夜出的杂食动物，但还有一些可能是严格的植食甚至肉食性昆虫。

或许蠼螋最容易辨别的是它们那标志性的、位于腹部末端的尾钳，主要功能是捕捉猎物、抓紧配偶以及协助折叠它们那独特的扇形翅膀。其目级拉丁学名"革翅目"（Dermaptera）指的是它们退化的前翅——尺寸缩小且质地较硬，如动物的皮革一样（"dérma"意思是"隐藏"）。虽然有些蠼螋完全无翅，但大部分蠼螋是具翅的，其前翅并不具有飞行功能，而是在后翅处

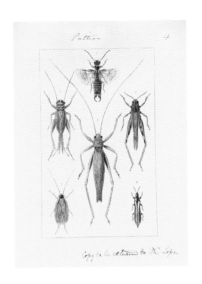

（右图）一张整页插图的原版图样（是插图彩绘师为每册书手绘整页插图用的），出自 E. F. 斯特夫利（E. F. Staveley）的《英国昆虫志》（British Insects, 1871）。该图样描绘了各种各样的具翅昆虫：顶部是欧洲螋蝓，中间从左到右：家蟋蟀（Acheta domesticus）、绿螽斯（Tettigonia viridissima）和沼泽蝗（Stethophyma grossum）。底部从左到右：淡色姬蠊（Ectobius lapponicus）和一种小型的缨翅 [可能是管蓟马属（Phlaeothrips）的某种]。

于休息状态时将其覆盖，起保护作用。**雌性螋蝓都是尽职尽责的好母亲**，虽然它们并不是群居性动物也不是社会性昆虫，但它们会特别照顾自己的卵和年幼的若虫。事实上，我们从化石记录也能看出，螋蝓的这种育幼行为是一种非常古老的方式——1 亿多年前的化石里，就有某种已灭绝螋蝓的若虫成群出现。经过几次蜕皮后，若虫们就准备好自食其力了，此时它们也必须这样做，否则曾经照顾它们的母亲可能会突然发动攻击！

在革翅目中，有两个类群完全摆脱了它们通常的生活方式，成为专门寄生在哺乳动物身上的寄生性昆虫。而这是两组独立进化事件的结果。虽然这些寄生螋蝓针对不同的宿主，但它们都同样没有了翅膀、失去了尾钳、退化的眼睛也没有了视力。此外，这两类螋蝓都是直接产下若虫而不是产卵的。它们体型也都变得扁平，适合在宿主的毛发中悄然行动。它们并不是完全生活在宿主身上，不进食时，它们会从宿主身上退下，转而生活在宿主的巢穴中。在非洲，那些生活在本地老鼠巢穴中的螋蝓取食宿主身上的死皮和真菌，被归为鼠螋科（Hemimeridae）。另一类是蝠螋科（Arixeniidae），它们生活在东南亚，是蝙蝠身上的寄生虫。就像它们的非寄生性亲戚一样，这些寄生螋蝓绝不会钻进宿主耳朵里，也绝不会把老鼠和蝙蝠逼疯。

直翅目和蛸目

蚱蜢、蟋蟀和螽斯都是昆虫中的歌唱家，它们与近亲蝗虫一起构成了拥有两万余个已知物种的直翅目（Orthoptera）。希腊语"orthós"可直译为"直的"或"适当的"的意思，指的是它们修长的、基本笔直的前翅。尽管它们以其"歌声"而为人熟知，但直翅目昆虫根本不是真正地用喉咙发声，而是通过翅膀的摩擦或者用足摩擦翅膀来产生声音。当然，如果它们在"歌唱"

缤纷的昆虫

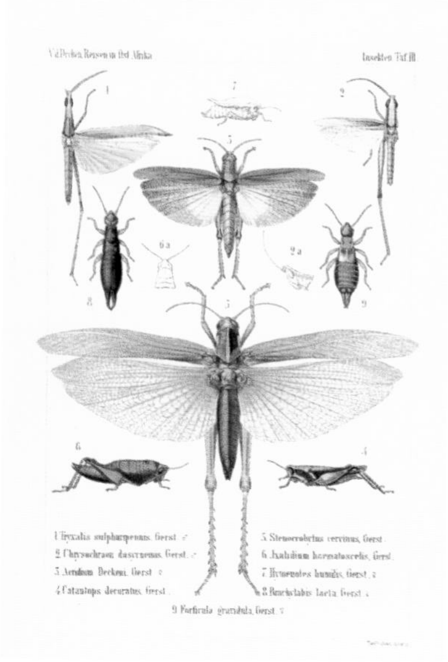

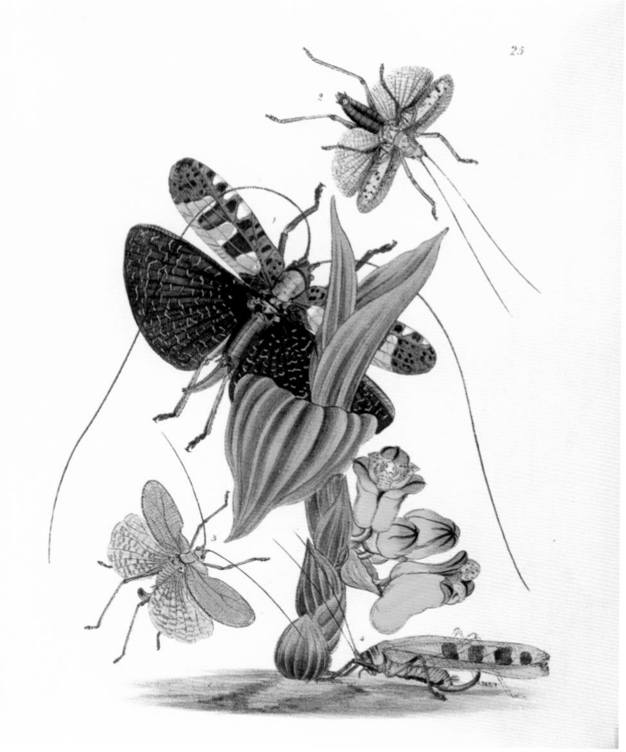

(左图) 各种蚱蜢和蝗虫（直翅目）以及两只蠼螋（革翅目），该图摘自卡尔·爱德华·阿道夫·格斯塔克的《卡尔克劳斯男爵的东非之旅》。

(右图) 艳丽的螽斯生动地跃然纸上：多诺万副珊螽（*Parasanaa donovani*）、翠格珊螽（*Sanaa imperialis*）、红翅短叶螽（*Scambophyllum sanguinolentum*）和八斑丽黑缘螽（*Calopsyra octomaculata*）。（该图出自韦斯特伍德的《馆藏东洋区昆虫》）

的话，那么必然也得有听众和某种聆听的方式。这类昆虫的“耳朵”被称为鼓室，是一个外部由一层薄膜包裹的腔室，它的作用很像我们人类的鼓膜。与我们不同的是，它们的鼓膜并不位于头部两侧，而是前足。膨大的后腿，赋予直翅目昆虫强劲的弹跳力，这是它们另外一个特征。几乎所有的直翅目物种都是贪得无厌的植食性动物，在我们的花园中和庄稼叶子上经常会看到它们取食的景象。大多数直翅目昆虫都是独居的，但也有一些会大量群聚。蝗灾发生的时候，有如噩梦一般遮天蔽日（正如圣经中描绘的灾难）。并不是所有直翅目昆虫都容易被发现，许多人或许都有过在夜晚试图找到那只讨厌的蟋蟀的经历，因为它们的“夜曲”打扰了我们的清梦。昆虫通常拥有与生活环境相似的体色，这是它们避免被发现的方法，例如许多螽斯的翅膀外观如同叶片一样，以至于当它们藏在许多树叶中时，可以说几乎融入了整个

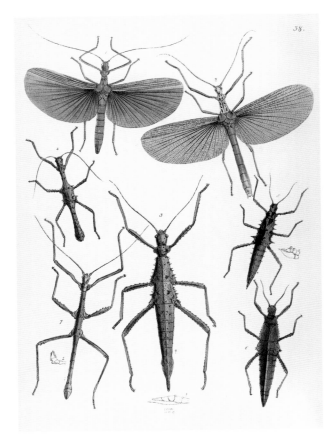

（上图）全球共有约 3000 种包括叶䗛和杆䗛在内的竹节虫，尽管它们当中多数的翅膀已经退化或完全消失，但也有许多种类依旧能飞。当它们不飞行的时候，翅膀会折叠并紧贴细长的身体。（该图出自韦斯特伍德的《馆藏东洋区昆虫》）

环境。

然而真正最强的伪装者是䗛目（俗称"竹节虫"）的杆䗛和叶䗛，因其善于从人们视野中隐匿而得名。䗛目（Phasmatodea）的字面意思是"幻影之形"，在希腊语中，"phásma"意思是"幻影"，"eîdos"意思是"样子"，因此在英语中它们有时候也被人们称为"幽灵虫"（ghost insect）。所有叶䗛和杆䗛都是植食性动物，它们生活在树叶、灌木丛或者它们所模仿的树干上。䗛目一共有超过 3000 种，其中大多数在夜间活跃，白天活动则相对较少，并隐身于周围环境之中。许多竹节虫没有翅膀，因为它们几乎不需要飞行。令人称奇的是，在竹节虫演化的历史中，翅膀这一特征曾经多次消失和重现，来来回回就如同有人反复打开和关闭一盏灯。它们只要简单地调控与翅膀发育相关的遗传物质的表达，就可以实现这一切换。尽管无翅竹节虫可能没有生出翅膀，但是它们保留了一整套可以产生翅膀的遗传密码。

杆䗛中有着世界上现存最长的昆虫——产自中国南部的中华巨竹节虫，它细长的身体可超过 62.2 厘米！有的竹节虫则略显笨重，例如马来西亚体型较宽、叶片状的雌性巨扁竹节虫，体重约为 65.2 克，几乎是普通小鼠平均体重的 4 倍！有的竹节虫甚至成了世上最稀有的昆虫之一——豪勋爵岛竹节虫是一种大型无翅、身上长满刺的竹节虫。1918 年一艘满载货物的商船在塔斯曼海域搁浅，船上的老鼠逃到了与这种竹节虫同名的小岛上，导致岛上这种竹节虫在两年之内灭绝。后来人们在太平洋上距豪勋爵岛 19 公里的地方发现了一座不到 299 米宽、耸立在海面之上的岩石孤岛，在那里发现了一个不

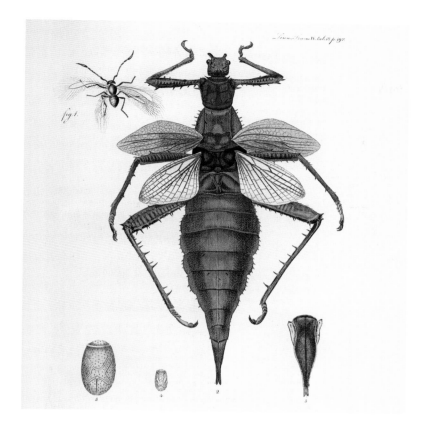

（左图）巨大的马来西亚巨扁竹节虫（*Heteropteryx dilatata*）是竹节虫中最重的一种，体重可达 65.2 克，它也是昆虫中最大虫卵的纪录保持者，其卵长约 12.7 毫米。[该图出自约翰·帕金森（John Parkinson）首次描述这个物种时所刊登的《林奈学会会刊》（*Transactions of the Linnean Society*，1798）中]

到 24 只豪勋爵岛竹节虫的小种群。

在蜍目中，很多种类的雄性特别罕见，并且难以找寻，但却与它们的拟态无关。造成这一现象的原因是它们之中存在着孤雌生殖现象，即雌性竹节虫无须雄性配偶来交配产生受精卵，它们本身就可以高效地一代又一代克隆自己。于是便有了这样的玩笑话：那些雄性竹节虫把自己隐藏得太好了，以至于它们对雌虫来说已经变得无关紧要。

螳螂目、蜚蠊目和等翅目

螳螂目、蜚蠊目、等翅目是亲缘关系很近的三个目，它们的俗名分别是螳螂、蟑螂和白蚁。而这三者中的白蚁是比较特殊的，它们相当于特化的社会型"蟑螂"。

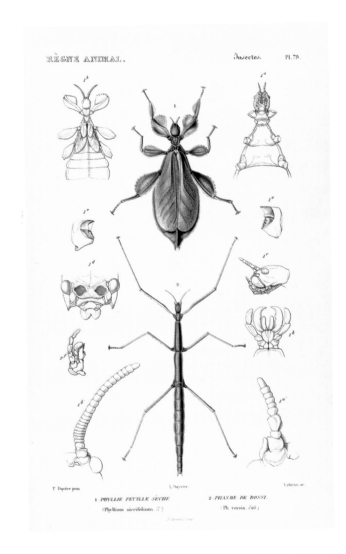

Insectes. Pl.79.

1. PHYLLIE FEUILLE SÈCHE.
(Phyllium siccifolium. ♂)

2. PHASME DE ROSSI.
(Ph. rossia. ♀)

（上图）螭目的昆虫中有了不
起的伪装者，它们有的演化
得像叶片，如图中顶部产自
东南亚的东方叶螭（*Phyllium
siccifolium*）；有的通过模仿树
枝来潜伏，如图下方的欧洲竹
节虫（*Bacillus rossius*）。（该图
出自居维叶的《动物界的生物
划分》）

　　螳螂的英文俗名是"praying man-
tis"，直译为"祈祷的螳螂"，而我
们或许更应称呼它们为"捕食的螳
螂"（preying mantis）。螳螂目下包含
约2500种真正强悍的捕食者，它们大
大的复眼位于灵活的头部两侧，头部
之后连接着延长的颈部，使得它们拥
有广阔的视野。自然，它们具有出色
的视觉感知力，可以随着你一根手指
的运动而产生互动。螳螂拥有较为发
达的、抓捕猎物的前足，上面往往有
许多刺，用来抓紧猎物。当它们的前
足折叠在一起时，便呈现出标志性的
"祈祷"姿势，其英文俗名就因此而来。
螳螂目的拉丁名"Mantodea"也是如
此，在希腊语中"*mántis*"是"先知"、
"占卜者"的意思。如果你尝试过徒手
去抓空中飞行的苍蝇，便知道这有多
么困难，然而，螳螂捕食的速度之快
就能令其做到这点。最大的螳螂体长
接近20.3厘米，有些大型螳螂甚至可
以捕食青蛙、小蜥蜴甚至雏鸟。作为
捕食者，螳螂通常拥有和生活环境近
似的体色，因此它们能在不被发现的情况下潜伏在树叶丛中。在极为特殊的
情况下，某些螳螂甚至会模仿花朵，融入周围的花卉背景，它们还会摆出奇
怪的姿势。螳螂因其交配行为而声名狼藉，雌性螳螂通常会在交配后——甚
至是交配时，吃掉雄性螳螂。螳螂将卵产在坚硬的保护壳中，称为卵鞘，这
是它们和蟑螂共有的特征之一。

　　不同于令我们着迷的螳螂，蟑螂则被人们诬蔑，甚至充满厌恶地对待。
世界上有超过4500种蟑螂，都被归于蜚蠊目（Blattaria），这也是为数不多

66　　　　　　　　　　　　　　缤纷的昆虫

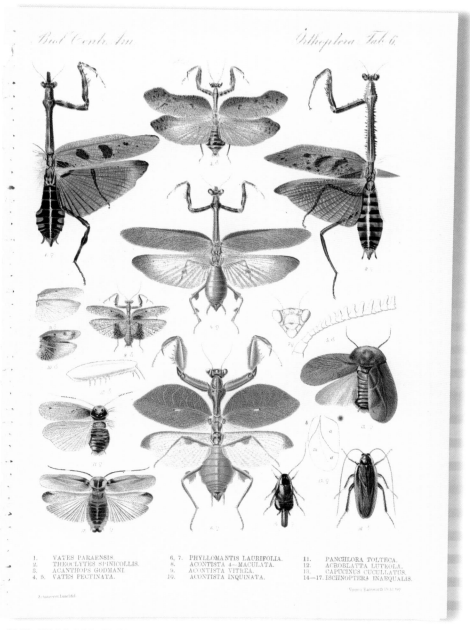

1.	VATES PARAENSIS.	6, 7.	PHYLLOMANTIS LAURIFOLIA.	11.	PANCHLORA TOLTECA.
2.	THEOCLYTES SPINICOLLIS.	8.	ACONTISTA 4—MACULATA.	12.	ACROBLATTA LUTEOLA.
3.	ACANTHOPS GODMANI.	9.	ACONTISTA VITREA.	13.	CAPUCINUS CUCULLATUS.
4, 5.	VATES PECTINATA.	10.	ACONTISTA INQUINATA.	14—17.	ISCHNOPTERA INAEQUALIS.

（上图）虽然螳螂和蟑螂看起来截然不同，如这些中美洲的螳螂及蟑螂物种所示，但事实上它们却是近亲。这两个类群的昆虫都会将卵产在卵鞘中。［该图出自《中美洲生物志：昆虫纲·直翅目》（*Biologia Centrali-Americana. Inseecta. Orthoptera.*, 1893—1909）］

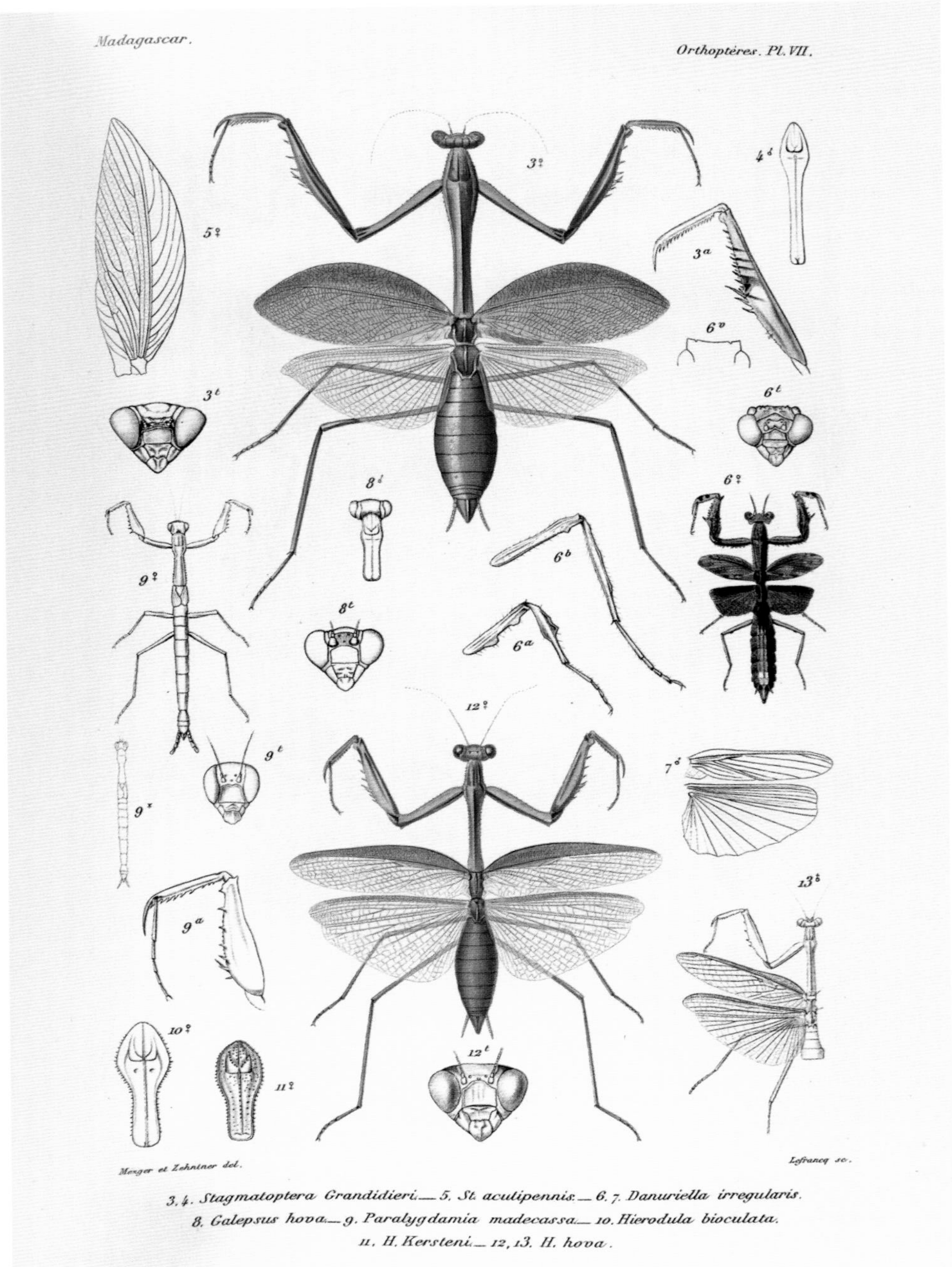

Meager et Zehnner del.　　　　　　　　　　　　　　　　　　　　*Lefrancq sc.*

3,4. Stagmatoptera Grandidieri.— 5. St. aculipennis.— 6. 7. Danuriella irregularis.
8. Galepsus hova.— 9. Paralygdamia madecassa.— 10. Hierodula bioculata.
11. H. Kersteni.— 12,13. H. hova.

（上图）捕食的螳螂（螳螂目）有着凶猛的前足，比如这些来自马达加斯加的物种，一直都是博物学家们的最爱。〔该图出自亨利·德·索绪尔的《马达加斯加自然志·直翅目》(*Histoire physique,naturelle et politique de Madagascar, Orthoptères*，1895）〕

的词源来自拉丁语的目级学名。在拉丁语中，"*blatta*"意思是"避光虫"，而后级"*-ria*"用于将名词修饰成抽象的类群，因此整个拉丁名的意思就是"一群避光虫"。大多数蟑螂更喜欢温暖、自然的环境，但也有少数几种完全适应了人类的都市环境。可悲的是，就是这少数几种蟑螂，使得整个蜚蠊目几乎成了害虫的代表，并被错认为是污秽和疾病的代名词。其实，大多数野生蟑螂是非常干净的动物，也不会传染疾病。

大多数蟑螂都是夜行性动物，通常以食腐者的身份生活在森林地表的枯枝落叶中，当然也有例外。有的蜚蠊目物种能够像萤火虫一样发光，并以此作为交流的信号，还有的能通过摩擦身体的某些部位发声。隐尾蠊属（*Cryptocercus*）的蟑螂通常是群居的，也被称为"木蟑螂"。它们生活在腐烂的原木中，和白蚁一样以木头为食。实际上，蟑螂是已知的与白蚁关系最近的"亲戚"，并且和白蚁一样，它们的肠道中也含有共生微生物，使其可以消化木质纤维。

白蚁，也就是等翅目（Isoptera，词源来自希腊语"*ísos*"，是"相等"的意思，指的是它们的前翅和后翅几乎相同），是第一种真正社会性的昆虫，它们在1.4亿年前就演化出了社群。全球现存的近3150种白蚁都是社会性昆虫。它们大多生活在经营多年的大型巢穴中，有着自己的一套社会等级组织。其中蚁后为种群不断地产卵，繁殖新的后代；工蚁则是不育的，承担着整个巢穴中所有主要杂务；还有的白蚁属于第三等级——兵蚁，它们也是不育的，并特化为专门负责防御。有时候它们的特化程度是很夸张的，使其甚至无法自己取食，或照顾自己（详见第58页插图）。白蚁的兵蚁种类繁多，并演化出许多不同的方法来保卫家园。比较典型的例子是，多数兵蚁的头部很大，

（上图）早期的昆虫学家和艺术家们经常会试着在同一张图画中描绘一个物种完整的生命周期。如这幅图一样，描述了薄翅螳（*Mantis religiosa*）的生命周期——从包裹着卵的坚硬卵鞘到新生的若虫，最后变成捕食性的成虫。（该图出自奥古斯都·冯·罗森霍夫的《昆虫自然史》）

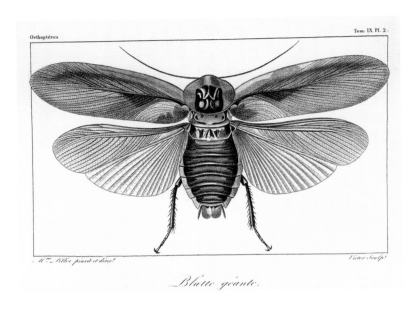

（**右图**）石板印刷的精细蚀刻线条完美地捕捉了洞穴巨人蟑螂（*Blaberus giganteus*）那美丽翅膀上复杂的细节。它们雌性成年个体的翅展可以长达10厘米。[该图出自让·维克多·奥杜因的《昆虫的自然史》（1834）]

能够容纳强大的肌肉系统，而这些肌肉控制着可怕的上颚，使它们能够将入侵者咬住、切碎。还有的兵蚁头部有特化的锥形喷嘴，用来喷射有毒的胶质液体以抵抗入侵的蚂蚁。

就像木蟑螂一样，白蚁的肠道中也含有帮助它们消化吸收植物纤维素的肠道共生微生物。这种食性上的专化，加上它们高效而庞大的种群（可包含数以百万计的工蚁）使其成为一种几乎无处不在的昆虫。幸好在所有白蚁中，只有不到13%的物种对农作物有害，不到4%的白蚁被认为是具有严重危害的害虫。

啮虫目、缨翅目和半翅目

啮虫目（学名 Psocodea 来自希腊语"*psokos*"，意思是"啮"或"啃"），由两个曾经相关但各自独立的目合并而成：啮虫目（俗称书虱）和虱目（真正的虱子）。几乎在任何地方——树皮或树叶下、石头下或洞穴中，甚至是我们的家中，都能发现啮虫。实际上，它们也是我们图书馆里的常客。它们会啃咬纸张，对书籍造成极大损害，这也是它们得名"书虱"的原因。通常，它们以孢子、植物组织、藻类和地衣为食，但有时也吃其他昆虫。尽管有些

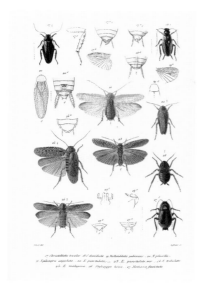

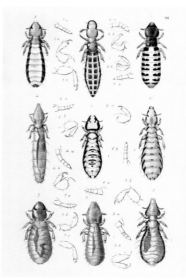

（左图）全球有着近 4500 种蟑螂（蜚蠊目），其多样性略高于全球的有胎盘类哺乳动物。图为来自马达加斯加的不同种类的蟑螂。[该图出自索绪尔的《马达加斯加自然志·直翅目》]

（右图）或许没有什么昆虫比虱子更让人讨厌了。尽管现在的虱子完全没有翅膀，但它们的祖先物种是有翅的，也属于一类啮虫。[该图出自亨利·丹尼（Henry Denny）的《不列颠虱目昆虫志》（*Monographia Anoplurorum Britanniae*）或名《论不列颠虱目寄生虫》（*An Essay on the British Species of Parasitic Insects Belonging to the Order of Anoplura of Leach*，1842）一书中的英国犬虱]

啮虫会群聚，但其余近 5700 种都是独居性动物。啮虫的翅膀构造简单，和其他大多数具翅昆虫相比，它们的翅脉数量更少，不飞翔的时候，翅膀就如同帐篷一样搭在身上。

而在这个目中，更为人熟知也更让人讨厌的则是虱子，这是最典型的一种寄生虫。虱子的种类与它们非寄生的近亲书虱差不多，也有 5000 多种，并且全部以鸟类或哺乳动物为寄主，取食其血液。虱子通常是高度专化的寄生物种，不同种类的虱子往往有它们特定的宿主，不能在其他动物身上生存，当然也有少数例外。在演化成寄生昆虫的过程中，虱子失去了翅膀，成为无翅昆虫。尽管有些种类的虱子保留了类似它们近亲书虱一样的咀嚼式上颚，但有一个特化的类群——虱亚目（Anoplura），其口器变成了喙，用于刺破寄主的皮肤。尽管虱子的种类繁多，但是真正寄生人类的只有三种，依据它们寄生于人体的部位分别称为头虱、体虱和阴虱。虱子的一生都是在寄主身上度过的，还将虫卵粘在宿主的羽毛或毛发上。当人身上长了虱子，孩子们就会被学校提早送回家中，父母们会为他们仔细梳理出虱子卵，这就是家长和孩子间建立亲密关系的时间。

与啮虫目亲缘关系较近的，是两个主要以植物为食的昆虫类群，它们都具有探针一样的口器，用于刺穿植物并吸取汁液。其中一类是缨翅目（Thys-

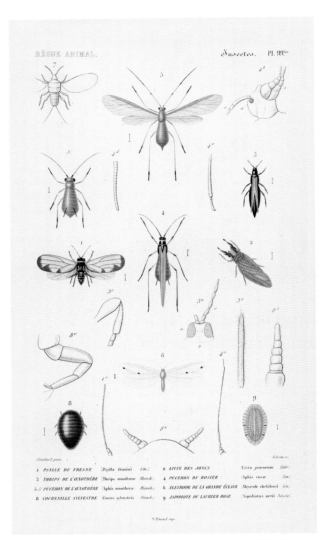

anoptera），俗称蓟马，包括5800余种专门以真菌、花粉和植物组织为食的微型昆虫。它们的翅膀修长，边缘具流苏一样的密毛，该目的拉丁学名也正是源于这一特征，"thysanos"是"流苏"的意思。蓟马的体长一般不到1毫米，可以形成个体密集的种群，有些还是祸害蔬菜作物或观赏花卉的害虫。人们把它们当作害虫，有时倒不在于它们能吃掉多少作物，而是因为它们在取食时可能会无意间传播植物疾病，如某种导致西红柿或其他作物大面积坏死的病毒。除了这些讨厌鬼，其他一些蓟马也是重要的传粉昆虫，如杜鹃花科等植物的花朵都依赖它们来授粉。许多蓟马在取食的过程中会将它们的卵产在植物体内，诱导植物长出虫瘿（一种不正常的生长现象）。缨翅目有一个科的蓟马，会将这些虫瘿组织当作具有社会性的巢穴，它们拥有像白蚁一样的等级制度，包括虫后、不育的工蓟马，甚至还有兵蓟马。

　　另一类具有刺吸式口器的昆虫是半翅目（Hemiptera），它们是昆虫纲中第一个真正拥有丰富多样性的分支，包括蚜虫、粉虱、介壳虫、蝉、蜡蝉和蝽类中的10万余种昆虫。"虫子"（bug）通常是个可以指代所有昆虫的贬义词，但它实际上指的是半翅目下

（**上图**）蚜虫、粉虱和介壳虫看似是半翅目里的异类，却与蝉、蜡蝉及蝽类有着密切的亲缘关系。图中还包含了一只蓟马（右上角的深棕色昆虫），代表了十分相近的缨翅目。（该图出自居维叶的《动物界的生物划分》）

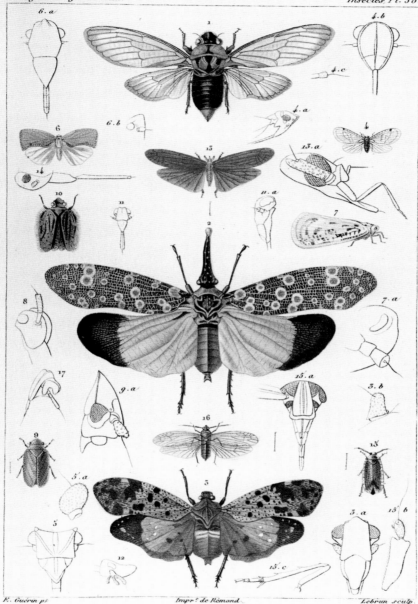

E. Guérin p.   Impr.° de Rémond.   Lebrun sculp.

1. Cicada *Diardi*, Guér. 2. Fulgora *Lathburii*, Kirby. 3. Aphæna *variegata*, Guérin.
4. Cixius *pellucidus*, Guér. 5. Tête de Lystra *lanata*, F. 6. Ricania *marginella*
Guér. 7. Pœciloptera *maculata*, Guér. 8. Tête de Flata *floccosa*, Guér. 9. Tettigo-
metra *virescens*, Lat. 10. Issus *pectinipennis*, Guér. 11. Tête d'Iss. *coleoptratus*, F.
12. Id. d'Otiocerus *Coquebertii*, Kirby. 13. Anotia *coccinea*, Guér. 14. Tête de Derbe *pallida*, Fab.
15. Asiraca *clavicornis*, F. 16. Ugyops *Percheronii*, Guér. 17. Tête du Delphax *minuta*, F.

（上图）以植食性为主的半翅目当中，蝉、蜡蝉和提灯蜡蝉是物种多样性最丰富的群体。（该图出自盖兰－梅内维的《乔治·居维叶的动物界图册》）

（上图）蜡蝉科（Fulgoridae）的提灯蜡蝉可能时常被误认成五颜六色的飞蛾。它们因其头部常生有中空的突起物而得名，19 世纪以前的艺术家们都错误地认为这些突起物会发光[1]。（该图画出自韦斯特伍德的《馆藏东洋区昆虫》）

的某个子集，例如蝽（stink bug）、盾蝽（shield bug）、缘蝽（seed bug）、臭虫（bed bug）、水黾（water bug），等等。半翅目"Hemiptera"这个名字源于希腊语中的"hémisus"，意思是"一半的"。这是因为蝽类昆虫的前翅前一半是坚硬的革质，后一半是膜质的。半翅目昆虫看上去不尽相同，但它们有一个共同的特征——吻突呈鼻状隆起，口器如针头一样是刺吸式。许多半翅目昆虫（包括蚜虫、粉虱、蝉和蜡蝉，它们中很多都是主要的农业害虫）用它们刺吸式的口器来吸取植物营养。而大多数蝽类则不同，都成了捕食者，当然其中或多或少也有些种类转变为了以植物为食，如棕榈蝽（palm bug）和身体纹饰复杂而美丽的网蝽（lace bug）。捕食性的蝽类主要猎捕其他昆虫，但也有些演化为以鸟类和哺乳动物的血液为食，包括臭虫和锥猎蝽（kissing bug），而后者因在热带传播恰加斯病（又称为南美锥虫病）而臭名昭著。

　　翅膀，毫无疑问是昆虫成功演化至今最重要的因素之一。飞行无疑使昆虫的许多支系得以繁荣发展，占据各种各样的生境，而这些各异的生境与进食习性及其他特化现象共同作用，就促生出有翅昆虫内部巨大的差异性。然而，光靠翅膀这一项特征，并不能完全解释昆虫的成功。人们往往错误地认为，演化进程中一个全新特征的出现，就能促生出多样化，这种过于简单化的理解确实听起来不错。但事实上，是多种进化因素的结合——几种关键特征的相互作用、对更广泛的环境的适应、随机事件的筛选，以及与其他支系的协同演化，共同孕育了物种的多样性。就昆虫的多样性而言，翅膀出现之后的重大变化，是将一大批能够飞行的昆虫变成了超能演化者，称霸了我们这颗星球。

1　译者注：因此它们的英文名叫作"lantern bug"，直译为"提灯虫"。

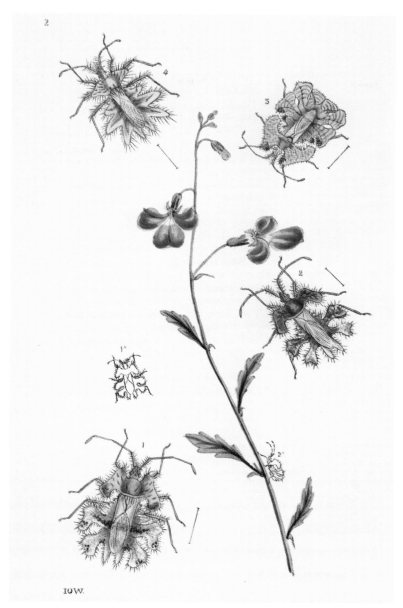

（上图）蝽类昆虫，如这些缘蝽科的物种，由于前翅和胸部的扩展，产生了带有尖刺或者花边状的外观。图中，有一种名为金卵缘蝽（golden egg bugs）的物种，因其会将橙色的卵背在自己身上而得名。（该图出自韦斯特伍德的《昆虫的奥秘》）

（下页图）某种蛾子的幼虫、蛹和成虫的细节。［该图出自玛丽亚·西比拉·梅里安的《欧洲昆虫志》（*Histoire des insectes de l'Europe*，1730）］

飞向天空的昆虫

5

完全变态发育

"毛毛虫身上没有丝毫的迹象表明它有一天将破茧成蝶。"
——R. 巴克明斯特·富勒（R.Buckminster Fuller），
《宇宙志》（*Cosmography*，1992）

当我们还是孩童的时候，看上去就是自己成年后的缩小版。许多种类的昆虫也是如此。几乎所有前面几章介绍的那些目的昆虫，幼年的形态都在很大程度上类似于成虫外形。从卵中孵化后，若虫每次蜕皮之后逐渐变大，最终达到性成熟并在最后一次蜕皮时获得功能齐全的翅膀。这种发育方式被称为半变态（hemimetabolous，来自希腊语，其中"*hemi*"意为"半的"，"*metabolos*"是"可变化"的意思）。有时，这种变态方式也被称为"不完全变态"，因为它们的若虫在蜕皮前后变化不大，并且通常具有与成虫相似的生活方式。例如蝗虫的若虫就和它们的成虫有着几乎一样的饮食习惯和生活习性，只不过它们个头更小，翅芽无飞行功能，以及不具备生殖能力。大多数门类的具翅昆虫有着与半变态完全不同的发育方式——它们的生命从幼虫开始（要么如同蛾类或蝴蝶的毛毛虫，或者甲虫的蛴型幼虫，或是苍蝇的蛆），然后经历化蛹，即从幼虫戏剧性地变成蛹，最后再羽化为成虫。与全变态类昆虫相比，如上文中提到的蝗虫，它们在成虫之前并没有幼虫阶段和成虫前的蛹期，只有若虫这一种形态。

全变态，准确来说应该叫作完全变态（holometabolous，希腊语中"*hólos*"是"完全"的意思），与半变态形成鲜明对比。完全变态类昆虫从卵中孵化，以幼虫形

（右图）某种锹甲的生长发育史：卵（左下角），幼虫（右下角和中间左边），蛹（中间右边及下方中间）及蛹室（图上部）。（该图出自奥古斯特·约翰·罗塞尔·冯·罗森霍夫的《昆虫的自然史》）

（下页图）梅里安生活在苏里南期间绘制的作品为人们了解昆虫的变态发育做出了很大贡献。从上到下：巨颚天牛（*Macrodontia cervicornis*），大型的热带棕榈象甲（*Rhynchophorus palmarum*）和一只兰花蜂（*Eulaema cingulata*）。[该图出自梅里安的《苏里南昆虫》（*Suriname Insects*，1719）]

SCARABAEORUM TERRESTRIUM CLASSIS I.

Tab.IV.

CLXXI

式出现，在经历一系列蜕皮之后转变成相对静止的蛹期（有些昆虫的蛹会被包裹在一层茧中，例如我们都很熟悉的蚕茧）。蛹期之后便羽化为成虫。完全变态类昆虫的幼虫与成虫截然不同，并且在大多数情况下，同一物种在这两个阶段的生活方式也不相同。幼虫通常生活在与成虫不同的生境中，取食不同的食物，并且需要不同的条件才能生存。正是因为完全变态类昆虫幼虫与成虫的区别如此之大，人们才在很长一段时间里，都误认为幼虫和成虫之间没有任何关系，是完全独立的不同物种。几个世纪以来，自然观察者们一直不知道完全变态类昆虫的成虫从何而来，即使当他们将幼虫和成虫联系起来的时候，人们也是认为它们之间发生了非常奇妙的转化，

（上图）在简·施旺麦丹和玛利亚·西比拉·梅里安之前，昆虫的幼虫、蛹以及成虫（如图所示的蛾子）都被认为是各不相同的动物，而不是一个物种生命的不同时期。（该图出自梅里安的《欧洲昆虫志》）

以至于出现了一种全新的动物。

　　脑洞大开的奇怪假设终将被时代淘汰。曾经有人认为大多数昆虫都不用交配，而是直接从腐烂的物质（无论是肉还是植物）中产生的。其中一个著名的假说是，蜜蜂是从腐烂的牛尸体中产生的，这种误解在被辟谣之前流传了长达 1000 年。伊西多尔在他的《词源学》中写道，蜜蜂的工蜂是从腐烂的黄牛身上长出来的，蜜蜂的雄蜂是从腐烂的骡子身上长出来的，而马蜂则来源于腐烂的马匹。有趣的是，我们如今所知有关变态发育的细节，最早主要是由 17 世纪晚期两位都曾在阿姆斯特丹工作和生活过的科学家各自阐述的，分别是荷兰解剖学家简·施旺麦丹（Jan Swammerdam）和出生在德国的插画家、博物学家玛利亚·西比拉·梅里安（Maria Sibylla Merian）。二人都曾致力于探索昆虫发育的奥秘，他们发表的每一篇著作都展示了完全变态昆虫的连续发育史——从卵到幼虫、蛹，最后变为成虫。

虽说在本章的开头我们引用了富勒的话，但实际上发育中的幼虫体内都是一些组织岛，代表了成虫特有的结构原基，如翅膀、触角和生殖器。这些细胞群也被称为"成虫器"（imaginal disc），最早是由施旺麦丹发现的，他也准确地解释了它们在变态过程中的作用。

完全变态的昆虫构成了昆虫多样性的主体，所有昆虫中约有 85% 的物种会经历完全变态发育。实际上，昆虫的繁盛部分也归功于这种完全变态的发育方式，它使幼虫和成虫获得不同的生长方式，而不至于竞争相同的资源。本章所要介绍的分类目级阶元都属于这一主要发育方式，它们被统称为完全变态类昆虫，明确体现了其生长发育特征。尽管完全变态类昆虫取得了巨大成功，但以昆虫的标准来看，并非所有完全变态昆虫的目级阶元都有丰富的种类。有四个大目包含的物种数量都超过了数十万种，但其他目的物种数加起来或许还不到 1 万种。

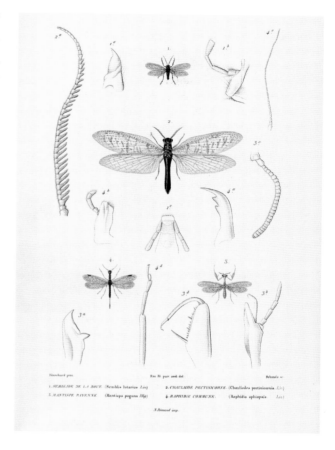

1.SEMBLODE DE LA BOUE (Semblis lutaria Lin)   2. CHAULIODE PECTINICORNE (Chauliodes pectinicornis. Lin)

3. MANTISPE PAYENNE (Mantispa pagana Illig)   4. RAPHIDIE COMMUNE (Raphidia ophiopsis.   Lin)

（上图）广翅目、蛇蛉目和脉翅目的代表性物种：广翅目的灰翅泥蛉（*Sialis lutaria*）和栉角鱼蛉（*Chauliodes pectinicornis*）；蛇蛉目的蛇蛉（*Raphidia ophiopsis*）以及脉翅目的螳蛉（*Mantispa styriaca*）。（该图出自乔治·居维叶的《动物界的生物划分》）

广翅目、蛇蛉目和脉翅目

在完全变态昆虫中，这三个目有着较为紧密的亲缘关系。广翅目、蛇蛉目、脉翅目昆虫的俗名分别是齿蛉、蛇蛉和草蛉，在完全变态类昆虫中均属小类群。它们是 2.8 亿年前由一个共同祖先留下的支系，但在大约 5000 万年前，物种丰富度就逐渐减少了。如今，这三个目的昆虫分别有 380 余种、250 余种和 5800 余种，相较于甲虫、蛾子和蝇类来说，数量少得可怜。这三个目的昆虫都有着宽大的膜质翅膀。尽管昆虫学家们对昆虫主要谱系之间的

研究变态发育的狂热者

几千年来人们一直认为幼虫、蛹和成虫都是不相关的，代表着完全不同的生物个体。人们还认为，许多昆虫都是自然发生的产物，有时是从其他动物的腐肉中产生的。荷兰生理学家简·施旺麦丹对这种思想深恶痛绝。他本该将这种思想从昆虫学中剔除，但是他本人对宗教的狂热却又使他最终背离了科学。

施旺麦丹于 1637 年出生在

（左图）施旺麦丹的肖像画（约创作于 1840 年），约翰·彼得·伯格豪斯（Johann Peter Berghaus）仿伦勃朗·范·莱因（Rembrandt van Rijn）的作品。

（右图）1685 年出版的施旺麦丹的著作《普通昆虫自然史》（*Historia Insectorum Generalis*，1669）的扉页，该书消除了人们对变态发育长久以来的误解。

荷兰阿姆斯特丹。1661 年他就读于莱顿大学，主修医学。在巴黎短暂工作一段时间后，于 1667 年大学毕业。在巴黎期间，他与路易十四的皇家图书馆馆长默基瑟德·泰弗诺（Melchisédech Thévenot，约 1620—1692）成为好友，后者随后寄给施旺麦丹一本《家蚕学》（*De Bombyce*，1669），由意大利解剖学家马切洛·马尔比基（Marcello Malpighi，1628—1694）所著，主要内容是关于家蚕的解剖。施旺麦丹本来就已被昆虫这些微小的生命所吸引，而马尔比基的工作则更进一步激发了他的兴趣，这令施旺麦丹的父亲大为震惊，因为他本想让儿子成为牧师或者从医。

施旺麦丹特别注重博物学研究。他在自己家中饲养昆虫，甚至用自己的血来喂吸血昆虫。施旺麦丹有着娴熟的显微解剖技术，并通过显微镜下的观察研究了蚊子、飞蛾、蚂蚁等昆虫的生活习性和生命周期。他改进了自己的解剖工具，使得它们在解剖微小的昆虫器官时也得心应手。很多生物学的新发现都归功于施旺麦丹，而且不仅局限于昆虫学领域，例如以他名字命名的淋巴管瓣，等等。而其中最具意义的是他消除了昆虫自发论的观点，并毋庸置疑地证明了昆虫的幼虫和成虫只是一个生命的不同阶段，并因此被人们铭记。他还通过解剖蜜蜂腹部揭示了卵巢的存在，从而证明了蜂王的性别，同时也观察了雄蜂的各个器官。施旺麦丹使用那个时代的最新技法——铜版画完成了他的所有插画。

施旺麦丹对于研究的热情十分强烈，这源于他对上帝造物的敬畏。然而，他的信仰转变成了狂热。1673 年，他与科学开始背道而驰。到了 1675 年，他受到法属佛兰芒的神秘唯心论者安托内蒂·布里尼翁（Antoinette Bourignon）歇斯底里和极具说服力的蛊惑，与后者带领一小群信徒在欧洲各地散发她有关启示录的小册子。毫不意外的是，施旺麦丹发现自己精神上的空虚没有因此得到满足，他于 1677 年迅速离开该教派，带着病痛回到了阿姆斯特丹。彼时，他的父亲病逝，施旺麦丹因遗产继承问题与妹妹争吵不断。最终，施旺麦丹在 1680 年去世，年仅 40 岁出头。

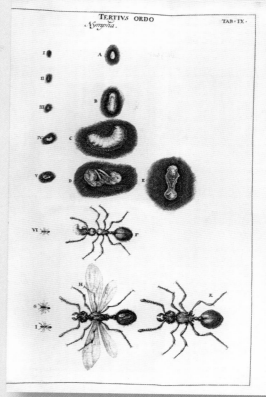

（上图）施旺麦丹所研究的某种蚂蚁生长发育的各个阶段，都精心地刻画在铜版画上。（该图出自《普通昆虫自然史》）

在完全陷入宗教狂热之前，施旺麦丹于 1669 年发表了他最初的昆虫学观察结果，即《普通昆虫自然史》。然而他在昆虫学领域最具奠基性和影响最广的贡献，都问世于他人对他手稿的整理，由赫尔曼·博尔哈夫（Herman Boerhaave，1668—1738）翻译成拉丁语。他这部作品集出版于 1737 年，也就是施旺麦丹去世 57 年之后，被命名为《自然圣经》（Nature Bible）。虔诚的施旺麦丹所创作的"自然圣经"，通过实证科学以及一个有机体在其一生中可能经历相当大变化这一事实（就像施旺麦丹本人那样），真正为生物的多样性带来了荣耀。

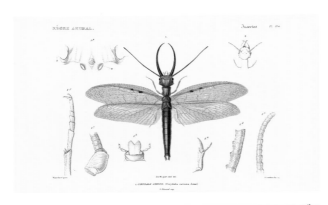

关系还有争议，但这三者间的亲缘关系几乎从没有受过质疑。

广翅目，包括亲缘关系相近的鱼蛉（fishfly）和泥蛉（alderfly），幼虫均为水生，其中个头较大的往往被渔民称为"水蜈蚣"。这些昆虫通常体型较大且强壮，2014 年发现的一个巨型物种，翅展甚至达到 20 厘米。因此广翅目（Megaloptera）这个学名的由来还是相当贴切的，在希腊语中，"*mega*"是"大的""宽广"的意思，而"*pteron*"则是翅膀，所以这个词的原意便是"有宽大的翅膀"。一只齿蛉生命大部分时间都是以幼虫形态度过的，它们的幼虫在水中生长几年，然后在泥中制造蛹室化蛹，最后变成寿命短暂的成虫。雄性齿蛉因其长如獠牙的上颚，看上去很凶猛，但实际上它们基本无害，

（上图）巨齿蛉的幼虫均为捕食者，如这只具角齿蛉（*Corydalus cornutu*）的成虫，它们的幼虫又被称为"水蜈蚣"（hellgramite），是深受垂钓者喜爱的诱饵。（该图出自居维叶的《动物界的生物划分》）

（下图）蛇蛉（蛇蛉目）因它们细长如蛇一般的颈部而得名，其外形与祖先几乎无异。[该图出自 M. 奥利维尔（M. Olivier）的《百科全书·自然史·昆虫学》（*Encyclopédie méthodique Histoire naturelle Insectes*，1811）]

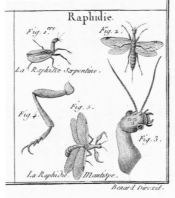

因为这些长牙是用来在求爱时展示给雌性看，并抓住其配偶进行交配，而不是用来捕食的。广翅目昆虫的分布遍及全球。

蛇蛉，顾名思义，外表酷似小蛇，因为它们有细长的脖子和纤细的头部，并且常常像是稍微向后拱起。尽管如此，它们目级学名"Raphidioptera"的词缀却源自其身体末端的形态。雌性蛇蛉有着扁平的刀状产卵器，正是这一特征反映在了其拉丁名上——在希腊语中"*raphidos*"的意思是"针状的"。虽然在 6500 万年前，蛇蛉目昆虫遍布全球，但是如今它们仅分布在北半球的温带森林地区，日间出没，以捕食小型节肢动物为生。它们长长的产卵器用于在树皮下产卵，因此人们经常能在树皮下找到发育中的蛇蛉幼虫。蛇蛉幼虫作为完全变态类昆虫，有两个与众不同的地方：第一，为了完成生长发育，其老熟幼虫或蛹必须经受一段接近冰点的温度。这个特点也解释了为什么它们仅生活在较冷的北方地区或较高的海拔地区。第二，虽然大部分完全

变态类昆虫的蛹都静止不动，蛇蛉的蛹却是活跃多动的，能够像成虫一样捕食小型猎物。

最后要介绍的是脉翅目，其中包括蚁狮（antlion）和蝶角蛉（owlfly）。它们精致的翅膀上有纵横交错的翅脉，比广翅目和蛇蛉目的复杂得多。它的目级拉丁名"脉翅目"（Neuroptera），源于希腊语 "neuron"，意思是"神经网"，象征其复杂的翅脉结构。脉翅目的成虫通常是夜行性动物，大多以花粉或花蜜为食，也有的取食小型节肢动物，或者完全不进食（成虫寿命太短以至于用不着进食）。不同于成虫的轻灵和优雅，脉翅虫的幼虫却是凶猛的捕食者。所有脉翅目的幼虫都有特化的口器，上、下颚组成了一套吸血管道，用来榨干猎物的体液。绿色的草蛉幼虫是高效的蚜虫杀手，通常它们会用地衣、植物残渣甚至猎物的尸体来遮盖身体，将自己隐藏在精细制作的"伪装衣"中。它们捕食蚜虫是如此高效，因此得了个俗名"蚜狮"（aphid wolf），还常常被用于生物防治。蚁狮幼虫的行为又与蚜狮不同，它们会钻进身体下方松散的

（左图）蚁狮（脉翅目蚁蛉科）和鱼蛉（广翅目鱼蛉科）都有各自所属目中个头最大的品种：拟蜻须蚁蛉（*Palpares libelluloides*）、华丽乌蚁蛉（*Euptilon ornatum*）、栉角鱼蛉，以及美国伟鱼蛉（*Vella americana*）。（该图出自德鲁·德鲁里的《异域昆虫图鉴》）

（右图）脉翅目昆虫及其近缘物种的翅膀花纹，比大多数全变态昆虫更为丰富。如图所示的蝶角蛉、蚁蛉、螳蛉、旌蛉及一只鱼蛉（广翅目，左上角）。（该图出自约翰·韦斯特伍德的《馆藏东洋区昆虫》）

完全变态发育

土壤或沙子中，张开粗壮的上颚趴在小土坑底部，等待蚂蚁或其他节肢动物跌落，然后给它们致命一击。也许脉翅目中最特别的类群是水蛉科（Sisyridae）昆虫，它们的幼虫已经演化为采食淡水海绵的猎食者，而这种猎物从来不会让捕食者担心它们会逃脱。

鞘翅目

（左下图）脉翅目的蚁蛉和蝶角蛉的成虫，以及长翅目的蝎蛉（图片右下方格）。（该图出自奥利维尔的《百科全书·自然史卷·昆虫学》）

（右下图）欧洲蚁蛉（蚁蛉科）的幼虫——蚁狮，它们会在沙地中挖一个具有代表性的漏斗状小坑，等待路过的猎物陷入其中。（该图出自奥古斯特·冯·罗森霍夫的《昆虫自然史》）

　　鞘翅目，俗称甲壳虫或甲虫，在外观上完全不同于草蛉、齿蛉和蛇蛉，因此当人们得知其实它们的亲缘关系很密切的时候，通常会大吃一惊。甲虫是一个多样性极丰富的昆虫类群，已知的有超过 360 000 种，每年还源源不断有新的物种被描述。即使在被研究得似乎已经很充分的北美和欧洲动物区系中，也是如此。鞘翅目物种多样性的增长似乎看不到尽头，我们这颗星球上所有已知物种中，几乎有五分之一是甲虫。了解了这个背景，人们似乎就能读懂霍尔丹的那句"上帝似乎对鞘翅目有着过分的偏爱"了。

　　在希腊语中，"coleos"是"鞘"的意思，指它们的身体有一层加厚的、

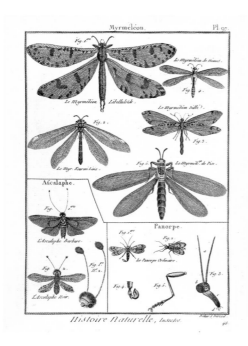

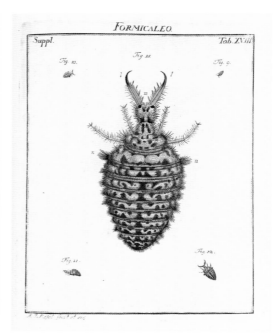

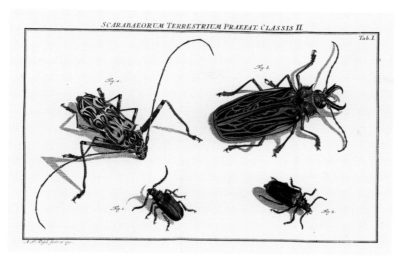

（**上图**）标志性的大型甲虫：左上方是彩虹长臂天牛（*Acrocinus longimanus*），右上方的是巨颚天牛（*Macrodontia cervicornis*）。（该图出自奥古斯特·冯·罗森霍夫的《昆虫自然史》）

（**左下图**）希腊神话中的泰坦巨人之一阿特拉斯（Atlas），能够用双肩扛起整个天空，科学家们用他命名了一种产自东南亚的巨型南洋犀金龟（*Chalcosoma atlas*），体长可以超过 12.7 厘米。雄虫通常用它们突出的角与竞争者争夺雌性配偶。（该图出自爱德华·多诺万的《印度昆虫博物志》）

（**右下图**）大王花金龟（*Goliathus goliatus*）是这个属中体型较大的物种，通常体长达 11 厘米，产地是非洲赤道东部。（该图出自德鲁里的《异域昆虫图鉴》）

保护性的外壳。这个独特的"外壳"其实是一对特化的前翅，称为鞘翅（elytra）。仅剩一对后翅用于飞行。当它们不飞的时候，宽阔的后翅以特殊的方式折叠，安全地塞进腹部上方的鞘翅之下，腹部和后翅就均被这坚硬的鞘翅保护起来。

甲虫有各种各样的形状和大小，从来自非洲的大王花金龟——虫如其名，体长能超过 10 厘米，到来自尼加拉瓜的、肉眼几乎不可见的微缨甲（*Scydosella musawasensis*）——长度仅 0.25 毫米，保持了当前世界最小甲虫的记录。我们给各种常见的甲虫起特定的名字：萤火虫（firefly）、瓢虫（ladybug）、花金龟（June bug）和象鼻虫（weevil），而它们也只是甲虫支系中极小一部分。无论我们设想哪一种生活形式，肯定会有某种甲虫符合人们的想象：寄生虫、捕食者、传粉昆虫、菌食性、植物害虫、水生甚至腐食，以及更偏好烂泥和

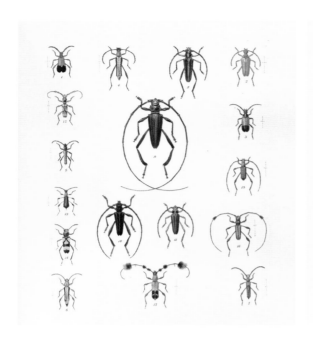

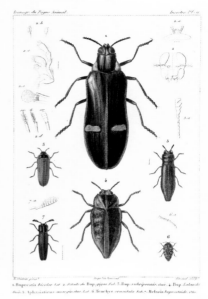

（左图）众多产自热带美洲的天牛（Cerambycidae，天牛科）。（该图出自《中美洲生物志：昆虫纲·鞘翅目》）

（右图）甲虫硬化的前翅称作鞘翅，通常带有各种花纹与颜色，加之其数不胜数的种类，深受业余或专业昆虫学家的喜爱。体型较大的物种的鞘翅是绿色、蓝色甚至红色，甚至被用来制作珠宝，如图中间的双色硕黄吉丁（Megaloxantha bicolor）。（该图出自菲克尼斯－爱德华·盖兰－梅内维的《乔治·居维叶的动物界图册》）

粪便的。几乎在你目之所及的任何地方，都有甲虫的存在。甲虫中最大的类群是特化的植食者，它们的种类随开花植物的多样化而丰富。尽管作为一个整体，鞘翅目的历史比开花植物更加悠久，已知的早期甲虫化石物种可追溯到 2.8 亿年前。因为它们无穷无尽的多样性，数百年来一直受到收藏家们的青睐，许多崭露头角的昆虫学家都是甲虫爱好者，达尔文便是其中之一。

捻翅目

捻翅虫（捻翅目）约 600 种，是一类完全寄生性的物种。它们也许是所有昆虫中特征最奇葩的一类。虽然它们的外形奇特，但识别它们最亲的近缘类群却不太容易。尽管看上去它们可能是鞘翅目的近亲，但这个问题至今仍困扰着昆虫学家们。从它们的外观和生物学特性来看，捻翅虫会让人过目难忘。由于它们体型微小且较为罕见，致使人们对它们的研究并不透彻。捻翅目的雄性成虫特征明显，球状的大复眼像黑莓一样，前翅特化为细长的平衡棒，虽不能用于飞行，但是可以感受飞行状态，从而有助于它们在飞行时定

　　　　　　　　缤纷的昆虫

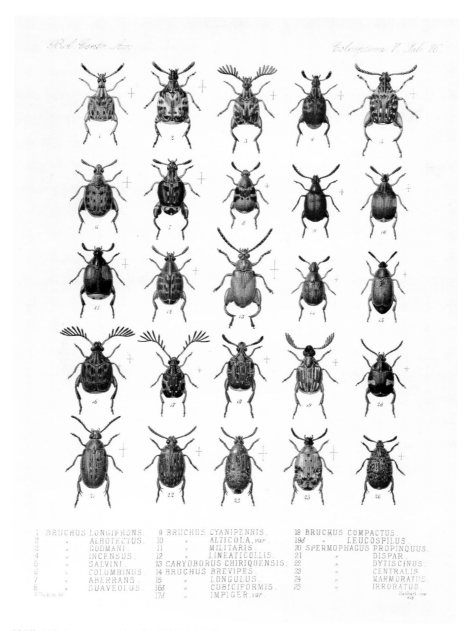

1 BRUCHUS LONGIFRONS.	9 BRUCHUS CYANIPENNIS.	18 BRUCHUS COMPACTUS.	
2 " ALBOTECTUS.	10 " ALTICOLA, var.	19♂ " LEUCOSPILUS.	
3 " GODMANI.	11 " MILITARIS.	20 SPERMOPHAGUS PROPINQUUS.	
4 " INCENSUS.	12 " LINEATICOLLIS.	21 " DISPAR.	
5 " SALVINI.	13 CARYOBORUS CHIRIQUENSIS.	22 " DYTISCINUS.	
6 " COLUMBINUS.	14 BRUCHUS BREVIPES.	23 " CENTRALIS.	
7 " ABERRANS.	15 " LONGULUS.	24 " MARMORATUS.	
8 " SUAVEOLUS.	16♂ " CUBICIFORMIS.	25 " IRRORATUS.	
	17♂ " IMPIGER, var.		

（上图）豆象（Bruchinae，豆象亚科）是叶甲（叶甲科，Chrysomelidae）中物种丰富度较高的一个类群。它们的幼虫钻蛀取食多种植物的种子。这些食籽动物可能成为严重的作物害虫。（该图出自《中美洲生物志：昆虫纲·鞘翅目》）

向。与前翅形态截然相反的是它们宽大的后翅，主要为捻翅虫提供飞行的动力。它们的后翅上几乎没有类似其他昆虫的翅脉。捻翅目（Strepsiptera）的学名源于希腊语，"*streptós*"的意思是"扭曲"。雄性的触角有着明显的分支，上颚退化成残留器官，推测只有感受的作用而不具有味觉功能。

相比于雄性捻翅虫，雌性则完全是另一副样子。在大部分捻翅虫里，雌虫都是幼态延续（neoteny）的，这个术语指的是尽管它们都是成虫，但从外观上看仍然像幼虫一样。因此，几乎所有雌虫都没有复眼、触角、翅膀、足，甚至一些看似必要的器官，比如直肠。作为寄生虫，雌性捻翅虫寄生在宿主体内，如蜜蜂或蟋蟀露身上，它们通常不会抛头露面，只是通过它们宿主外骨骼的节间膜露出一部分退化的头部，这便是它们仅有的与外界联系的方式。它们另一个奇特的地方在于，雌性捻翅虫的头部有一个裸露的开口，起到与雄性捻翅虫交配的作用，并且它们也会通过这个开口直接生产幼虫，而不是像大多数其他昆虫那样产卵。就像推销员最爱说的"等等、还有呢"，捻翅目的故事还没结束。在具翅的雄虫找到那些身体上部露出雌虫头部的宿主后，它们就会与雌虫露出的头部交配，然后飞走。受精卵会留在雌虫体腔中，并在体内发育，然后成为初孵幼虫。这些初孵幼虫非常活跃，会通过它们母亲头部的开口排出，散布到周围的环境中寻找新的宿主。一旦发现新宿主，

（左图） 神秘的寄生性捻翅虫（Strepsiptera，捻翅目），雄虫具翅，而雌虫无翅且终生寄生在宿主上，几乎看不出来是昆虫。从左上方顺时针方向依次是：胡蜂异螱（*Xenos vesparum*）、大眼螱（*Stylops dalii*）、细角诡螱（*Elenchus tenuicornis*）和柯氏隧蜂螱（*Halictophagus curtisii*）。（该图出自居维叶的《动物界的生物划分》）

（右图） 当人们首次发现并描述捻翅目寄生虫柯氏隧蜂螱的时候，认为它们会侵害隧蜂属（*Halictus*）的物种，而这个生物学上的假设也反映到了该捻翅目的学名 Strepsiptera 上，字面意思是"取食隧蜂的"。可是后来人们发现，它们反而会寄生蚱蜢和角蝉以及这些类群的近缘物种，于是留下了一个表意不当的属名。（该图出自约翰·柯蒂斯的《不列颠昆虫志》）

捻翅目的幼虫就会利用消化酶迅速钻入宿主体内，然后退化成极为简单、无足、非常接近幼虫的形态，逐渐从受害者身上汲取营养。最终，发育的雄虫会从宿主身上排出，化蛹，变为成虫；而雌性则重复同其母亲一样的生命周期。

膜翅目

蚂蚁、蜜蜂、黄蜂都是膜翅目（Hymenoptera，在希腊语中 "hymeno" 是 "膜" 的意思）的成员，膜翅目也是昆虫纲里的四个超大目之一。膜翅目已记录有超过 155 000 个物种，但就物种多样性而言还是被严重低估的一个类群。估计其物种数被完全估算的话，膜翅目的体量会再翻一倍。很少有人会注意到，其实蚂蚁和蜜蜂都是特化了的黄蜂，所以人们或许也可以简单地说，膜翅目就是黄蜂组成的目。黄蜂演化的重头戏是出现了寄生性，在膜翅目所有物种中有超过 75% 是营寄生的。然而，种类最原始的黄蜂在幼虫期是专门取食植物的，并且有时会大量聚集成为严重的森林害虫。植食性的黄蜂，如树蜂（wood wasp）和叶蜂 [sawfly，在英语中之所以被称为 "sawflies" 是因为它们的产卵器如锯子（saw）一般，主要用于在植物的茎或其他组织中产卵]，总数大概只有 8000 余种。它们没有典型的 "黄蜂腰（细腰）"，反而腹部和胸部紧密相连，粗细均匀。

人们更熟悉的可能是那些演化出细腰的黄蜂，"小蛮腰" 可使它们的腹部以及更重要的是腹部末端产卵器的运动幅度更大。这些细腰物种就成了寄生性的，最早寄生在树上生活的昆虫，而后演化出的分支能够攻击其他各种昆虫，甚至一些蛛形纲的生物。在有花植物问世之前，寄生性的出现大幅推动了黄蜂多样性的发展。某些寄生性黄蜂的生物学习性可能给人

（下图）膜翅目包括蚂蚁、黄蜂和蜜蜂。许多膜翅目昆虫都能蜇人，例如图中描绘的大多数物种（属于不同科）。与之形成反差的是，中间那只具有长长产卵器的其实是一只克氏巴蒂茧蜂（*Bathyaulax kersteni*），却并不蜇人。（该图出自卡尔·爱德华·阿道夫·格斯塔克的《卡尔克劳斯男爵的东非之旅》）

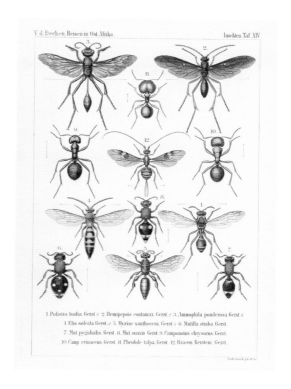

V.d.Decken.Reisen in Ost-Afrika.   Insekten.Taf.XIV.

1. Polistes badia.Gerst.♀ 2.Hemipepsis contumax.Gerst.♂ 3.Ammophila ponderosa.Gerst.♀
4. Elis soleata.Gerst.♂ 5.Myzine xanthocera.Gerst.♀ 6.Mutilla straba.Gerst.
7. Mut.pygidialis.Gerst.8.Mut.suavis.Gerst.♀ 9.Camponotus chrysurus.Gerst.
10. Camp.erinaceus.Gerst.11.Pheidole talpa.Gerst.12.Bracon kersteni.Gerst.

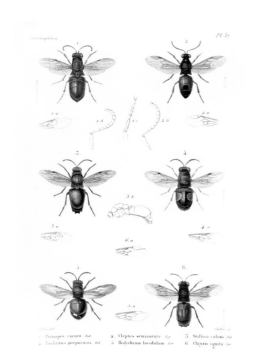

1. *Chrysis imperialis*
2. *Stilbum sculitum*. 3. *Stilbum splendidum*.

（左图）青蜂（cuckoo wasp，青蜂科）如图所示，通常具有靓丽的金属光泽，有点像西瓜虫（pill bug），受到攻击时能把自己紧紧地蜷缩成一个球。（该图出自圣法尔戈伯爵阿梅代·路易·米歇尔·勒佩莱蒂埃的《昆虫的自然史》）

（右图）全世界的青蜂种类超过3000种，如同它们英文名"cuckoo wasp"的来源杜鹃（cuckoo[1]）一样，它们也将自己的卵产在别的蜂巢里，有的青蜂还专门寄生竹节虫和叶蜂。（该图出自多诺万的《印度昆虫自然史》）

们带来噩梦，甚至部分激发了《异形》等热门电影的灵感。例如，一只雌性姬蜂会抓起受害者——比如一只毛毛虫，然后拱起它们细长的腹部，如同皮下注射器一般将卵注射进活体宿主。此后这些宿主仍继续存活，而同时黄蜂的幼虫则在它们体内汲取营养，最终杀死宿主并从其尸体中爆出，形成茧蛹。这些细腰黄蜂中还有一类蜂的产卵器进一步演化，不再用于产卵，而是注射相连腺体中的毒液，这就是我们都害怕的螯针。它既可以用来制服猎物，也可以用作防御武器。由于螯针是产卵器演化而来的，雄性显然就缺少这种结构，也无法造成螯伤。

尽管这些有刺黄蜂中的一部分仍是寄生性的，但大部分都演化成了捕食者，能猎捕蜘蛛、毛毛虫、蜡蝉以及许多其他昆虫。这些肉食性的物种包括了我们最熟悉的膜翅目成员：胡蜂（hornet）、马蜂（paper wasp）、大黄蜂（yellow jacket）、蚂蚁以及蜜蜂，它们中大多数也是社会性昆虫，有着复杂的

1　译者注：杜鹃会将自己的卵产在其他鸟的巢中，它们的幼鸟会提前孵化，把本属于这个鸟巢的蛋或雏鸟挤出巢外。

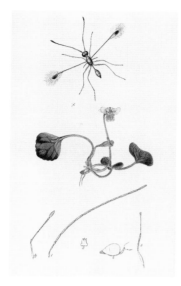

巢穴和领地。而比起捕食猎物,蜜蜂则更主要是寻找花粉和花蜜,是杰出的传粉昆虫。然而即便在蜜蜂当中,寄生性也是一个主流。大多数蜜蜂其实是独栖的,只有不到1000种蜜蜂是社会性昆虫,只占了它们物种总数的5%,而寄生蜂却有数千种。比如青蜂,它们通常会在其他蜜蜂的巢穴中产卵,就如同其英文名中的那种鸟类一样。

长翅目和蚤目

蝎蛉(scorpionfly)是昆虫纲中另一个小类,它们的目级学名"长翅目"(Mecoptera,希腊语中,*mêkos* 是"长度"的意思),代表这个目的物种大多有长长的翅膀。同草蛉一样,这些昆虫也是孑遗种,全球只剩下不到750种。这个目由许多外貌不同的类群组成,其中大部分都有着细长的翅膀和头部。那些恰如其分被称为"蝎蛉"的雄虫有着球形的生殖器,腹部末端拱起,就像蝎子尾巴一样,但实际上是无害的。另一些长翅目物种体型瘦长,会用长长的足将自己倒挂在树叶或树枝上来捕食猎物,它们的食谱里主要是一些小型节肢动物,这类长翅目昆虫被称为蚊蝎蛉(hangingfly),外形非常像大蚊(carane fly),不过后者是一种双翅目昆虫,彼此没什么关系。

(左图) 模式缨小蜂(*Mymar pulchellum*)的前翅长度不到1毫米,中间细长、末端扩张呈桨状,边缘具长而坚硬的刚毛。这是一种极其微小的飞行昆虫所特有的翅膀形态,对它们而言飞行就如同在黏性的液体中游泳。(该图出自柯蒂斯《不列颠昆虫志》)

(右图) 大方头泥蜂(*Sphecius grandis*)位于图的顶部和左侧,是一种相当大的蜂(长约5厘米),能够捕食蝉。而图的右侧则是单环刺大唇泥蜂(*Stizoides unicinctus*),它们会将卵产在其他近缘泥蜂巢中。尽管它们的尺寸和外观看上去令人恐惧,但实际上这两种蜂都不具有攻击性。[该图出自托马斯·塞伊(Thomas Say)的《美国昆虫学》(*American Entomology*,1828)]

研究变态发育的艺术家

（上图）乔治·戈塞尔（Georg Gsell）之后，雅各布·乔布雷肯（Jacob Joubraken）所创作的玛利亚·西比拉·梅里安的肖像画。[该图出自马修·皮尔金顿（Matthew Pilkington）的《画家人物集》（*A Dictionary of Painters*，1805）]

在那个将女性基本排除在科学界之外的年代，玛利亚·西比拉·梅里安巧妙地展示了她的博物学研究天赋，在那些广为流传的昆虫画作中，她的作品可谓鹤立鸡群。和与她同时代的简·施旺麦丹一样，梅里安也记录了昆虫的变态发育，使人们能够摆脱亚里士多德和中世纪许多错误观念的束缚。

梅里安于 1647 年出生在德国法兰克福，她的父亲是一位雕刻师，在她 3 岁时就去世了。一年后，她的母亲与花卉画家雅各布·马雷尔（Jacob Marrel，1613—1681）结婚，后者在艺术方面给予了梅里安指导。当她还是个小女孩的时候，就沉迷于昆虫之美，并开始在画板上素描和彩绘植物上的毛毛虫，关注它们是如何转变成飞蛾和蝴蝶的。马雷尔本人是卡拉瓦乔（Caravaggio）作品的拥趸，而卡拉瓦乔则是著名的自然主义画家。在绘画中，卡拉瓦乔并不回避对衰败的描绘（在那个年代，这种做法是十分大胆的），例如他的作品《水果篮》（*Basket of Fruit*，约 1599），其中有被蛀的苹果和被虫子侵害的叶片。这种现实主义审美潜移默化地影响着梅里安——她的作品也与艺术惯例背道而驰，通常在一个场景中展示出昆虫完整的生命周期，包括死亡这算不上光鲜的一面。

1665 年，梅里安与他继父的一位学生——约翰·安德列亚斯·格拉夫（Johann Andreas Graff，1636—1701）结婚。她一共有两个女儿，同马雷尔一样，她也指导女儿们绘画。1675 年，她出版了一组花卉版画作品，随后在 1677 年和 1680 年出版了另两套作品，阐释了蝴蝶和其他昆虫的变态发育。其中一组作品中，甚至包含了一幅寄生蜂攻击毛毛虫的画面。梅里安的婚姻谈不上幸福，她于 1685 年离开自己的丈夫，加入了一个位于荷兰维乌韦德村的新教教会

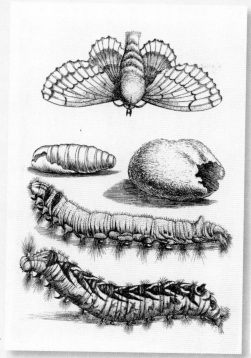

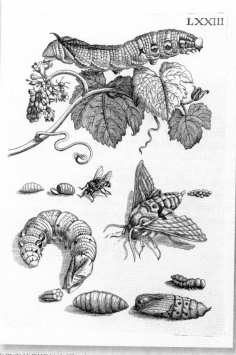

从她职业生涯的早期开始，梅里安就着迷于昆虫的生命周期，并时常描绘蛾子（如此图所展示的《欧洲昆虫自然史》）和蝴蝶的不同生命阶段——幼虫、蛹、成虫。

梅里安特别擅长在同一幅图中展示生命的美丽以及不那么吸引人的方面。此图详细描绘了一只蛾子和它的寄蝇的不同生命阶段。（该图出自《欧洲昆虫自然史》）

组织，住在当时荷属圭亚那[1]第一任总督科内利斯·范·埃尔森·范·索梅尔斯迪克（Cornelis van Aerssen van Sommelsdijck，1637—1688）的一处住宅里。在那里，梅里安爱上了热带的奇妙生活。1691年，她和女儿们搬到了阿姆斯特丹。次年，她和丈夫离婚，她的大女儿嫁给了一位在阿姆斯特丹、与苏里南地区开展贸易的商人。种种机缘巧合，梅里安决定去探索和描绘热带环境中的自然景观，并在1699年开始筹划她的苏里南之旅，通过卖画和商人女婿的资助筹集资金。

同年7月，她和小女儿启航，终于在2个月后来到了她朝思暮想十余年的荷兰殖民地。在那里的两年间，她周游整个殖民地地区，敏锐地观察各种动植物：主要是昆虫以及它们的变态发育。所有这些相较于她在欧洲积累的经验，都是陌生的。热带森林中树木高大，层次分明，

1　译者注：也就是苏里南。

（上图）梅里安在苏里南居住的经历拉近了她与这些热带大型蝴蝶的距离，比如这种梦幻闪蝶（*Morpho deidamia*），图中展示的是正在取食寄主植物的光滑金虎尾（*Malpighia glabra*）的幼虫，以及它们成虫翅膀的正面和背面（图上侧和下侧）。（该图出自《苏里南昆虫的变态发育》）

许多昆虫都生活在高高的树冠层上，远离人们的视线。梅里安竭尽所能去观察上层的物种，甚至有一次她让人们为她砍倒了一棵大树，以便能够看看那些会爬树的人无法理解的奇观究竟是什么。无论在哪儿，她都用她那客观而谨慎的眼光在观察。

1701 年 6 月，梅里安可能因为感染疟疾病倒了，所以不得不返回阿姆斯特丹。回国之后，她开始出售标本和四年来她创作的版画及水彩画，其中包括许多她观察过的热带植物和昆虫。这些作品集附有详细描述昆虫生命周期的文字，最重要的是，对于完全变态昆虫，还完整描述了它们的变态发育过程。她于 1705 年出版了《苏里南昆虫的变态发育》（*Transformation of the Suriname Insects*），这本书是基于观察经验所得智慧的杰作，虽然书很成功，但是它所带来的财富并不足以支持梅里安度过余生。比起财富和安逸，梅里安更喜欢科学研究，为了支撑自己的选择，她一直在出售自己的画作。尽管她的作品在学界影响深远，但是作为一名女性，她在很大程度上被禁止参与讨论，甚至是那些关于她本人发现的话题。在 1715 年，梅里安中了风，导致身体部分瘫痪。她一直没能从瘫痪中恢复过来，最终于 1717 年离开了这个世界。如果让她来描绘自己的一生，她肯定会模仿自己心爱的昆虫，展现出她自己的蜕变，彻底改变启蒙运动初期人们对女性的成见。

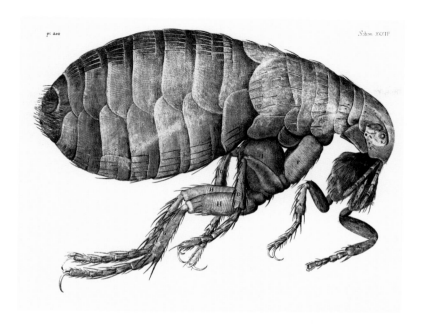

这里展示的是罗伯特·胡克使用他的显微镜完成的杰作《显微图谱》中的一幅插图。图中描绘的是一只跳蚤，很有可能是人蚤（*Pulex irritans*），这也是第一幅如此纤毫毕现风姿尽显地展示蚤类细节的作品。虽然跳蚤没有翅膀，但是它们的共同祖先是完全具有飞行能力的。

美蝎蛉（earwigflies 或 forcepflies）是长翅目中另外一个比较独特的科，只有三个现存种。它们雄性的外生殖器演化成了巨大的尾钳状，外形酷似革翅目的腹部末端。而雪蝎蛉科（Boreidae）要么只剩下极度退化的翅膀，或者完全无翅，它们会在冬末或早春的雪地里交配。长翅目最后的一个科被称为小蝎蛉科（Nannochoristidae），分布在南半球各地，是长翅目中唯一的水生类群，捕食生活在淡水中的双翅目昆虫幼虫。小蝎蛉科昆虫的幼虫具有完整的复眼，这一现象在其他任何昆虫幼虫中都绝无仅有。现代研究表明，小蝎蛉科和长翅目之间的关系可能错位了，有人认为小蝎蛉科应该自成一个目级阶元，或称其为小蝎蛉目（Nannomecoptera）。

跳蚤是完全变态昆虫，全球一共有超过 2500 种，但对于很多人来说，他们宁愿地球上一种跳蚤也没有。跳蚤是一类专门以血液为食的寄生性昆虫，主要寄生哺乳动物和鸟类。与一生都寄生在宿主身上的虱子不同的是，跳蚤可以离开宿主很长一段时间不进

此图证明了乌塞利·阿尔德罗万迪观察的准确性，这幅木刻画描绘的是一种常见的欧洲蝎蛉（蝎蛉属 *Panorpa*），我们能通过细长的头部和如同蝎尾的弓形雄性外生殖器一眼辨识出来。[该图出自 1638 年版的阿尔德罗万迪的《昆虫类动物》（7 卷本）]

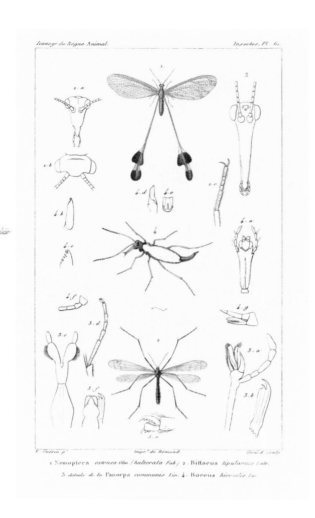

1. Nemoptera extensa Olm (halterata Fab.) 2. Bittacus tipularius Latr.
3. détails de la Panorpa communis Lin. 4. Boreus hiemalis Lin.

食，当宿主死亡时，跳蚤会迅速逃走，去寻找下一任宿主。因此，虽然有的跳蚤是专性寄生动物，但还有许多跳蚤并非如此，它们的食物来自各种潜在受害者。在跳蚤演化出这种特殊但适合它们的生活模式过程中，它们逐渐失去了翅膀和飞行能力。它们的头部非常紧凑，具有刺吸式口器，以此来吸血，其目级学名——蚤目（Siphonaptera）反映了这一点。在希腊语中，síphon 是"管道、吸管"的意思，而前缀"a–"表示否定的意思，其后的 ptera 则是"翅膀"的意思，因此连起来可大致理解为"没有翅膀的吸管"。跳蚤的后足特化为适合跳跃的跳跃足，使它们有了自己独特的逃跑方式，并可以随时降落到下一任宿主身上。跳蚤和虱子一样，对人类文明产生了深远的影响，它们是鼠疫杆菌的传播者，而这种细菌正是导致 14 世纪黑死病等传染病爆发的元凶。

双翅目

这幅图中的物种曾被认为都是近亲，最上方是脉翅目的阔翅勒旌蛉（Lertha extensa），中间是具有退化的翅膀组织的雪蝎蛉，最下方是蚊蝎蛉（Bittacus italicus），后两者都属于长翅目。（该图出自盖兰－梅内维的《乔治·居维叶的动物界图册》）

双翅目包括蝇类、蚊子以及蠓。其学名 Diptera 意思是"两只翅膀"（希腊语中，dis 是"两个、一双"的意思）。不同于其他家族的昆虫，双翅目的后翅都退化成了小棒状结构，称为"平衡棒"。平衡棒有助于飞行的稳定，所以尽管双翅目昆虫只用两只前翅来飞行，它们都是优秀的飞行者。双翅目的演化取得了令人难以置信的成功，迄今共发现了超过 155 000 个物种，而这个数字可能也仅仅是全世界双翅目种类的四分之一，甚至更少。我们一提

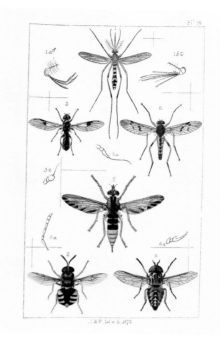

起双翅目，多数人可能首先就会想到普通的家蝇（*Musca domestica*）。然而事实上，双翅目的生态多样性要比其他任何类群的昆虫都要多，想要简单地概括描述它们十分困难。双翅目昆虫可以生活在任何你能想象的栖息地，全球广布，虽然经常单独行动，但它们也有着其他节肢动物那样复杂且引人瞩目的行为。如果将双翅目昆虫放大来看，它们的颜色有的也非常灿烂耀眼，可以与那些十分吸引人的甲虫媲美。事实上，当你观察那些翅膀上具有图案的蝇类进行求偶炫耀时，就像在看小小的水手用信号旗发信号一样。有的蝇类还演化出了无翅形态，寄生在蜜蜂和蝙蝠身上，而另一些则有着形态夸张的头部，它们雄性的复眼长在又长又宽的眼柄上，主要是为了在配偶面前炫耀。双翅目中吸血的物种，如很多种蚊子、舌蝇（tsetse fly）等，都对人类健康造成巨大危害，因为它们可以通过吸血传播微生物，导致许多严重疾病，例如疟疾、黄热病、利什曼病、昏睡病和脑炎等。还有其他一些物种，例如锥蝇（screwworm fly），是危害家畜的害虫。但另一方面，它们的幼虫又有助于法医鉴定，使调查人员能够精准地确定谋杀案受害者死亡的时间，其

（左图）双翅目是所有昆虫中最具有生态多样性的一个类群，它们之中有的物种堪称教科书级的例子，展示了在交配选择中，雌性对雄性的偏好能导致雄性身体某个部位表现得极为夸张。如图中的突眼蝇和其他具有相似形态的蝇类。（该图出自韦斯特伍德的《馆藏东洋区昆虫》）

（右图）各种双翅目物种，该图出自 E. F. 斯特夫利的《英国昆虫志》，从上到下依次是：尖音库蚊（*Culex pipiens*）、瘦腹水虻（*Sargus cuprarius*）、普通鹬虻（*Rhagio scolopaceus*）、拟方头泥蜂食虫虻（*Asilus crabroniformis*）、变色水虻（*Stratiomys chamaeleon*）和秋虻（*Tabanus autumnalis*）。

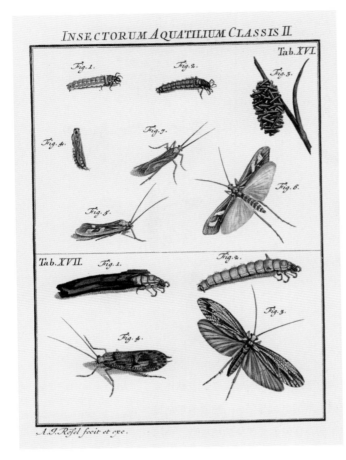

石蛾（毛翅目 Trichoptera）非常像其水生幼虫会将沙子、小鹅卵石或植物碎渣做成独特的巢穴并生活其中，因此得名。（该图出自奥古斯特·约翰·罗森霍夫的《昆虫自然史》）

至地点。

　　大家都讨厌苍蝇，然而事实上双翅目昆虫在很大程度上是有益的，只有少数种类如同老鼠屎弄坏了一锅粥。双翅目中有些种类是除我们人类自身外，被研究得最为深入的，例如实验室里的黑腹果蝇（*Drosophila melanogaster*）。果蝇被视为揭示遗传学和遗传发育学基本规律的模式物种，直接促进了20世纪与人类健康相关的许多关键性研究取得进展。在导致人类发生疾病的基因中，有75%可以在实验用果蝇身上找到，鉴于这种基因的相关性，以及容易在实验条件下操作，果蝇就成了医学院研究的理想工具。

　　此外，双翅目昆虫也是和蝴蝶、蛾子、甲虫和蜜蜂等同样重要的传粉昆虫。大多数双翅目昆虫身型较小，但是产自巴西的英雄拟食虫虻（*Gauromydas heros*）翅展可达约10厘米。多数蝇类的幼虫被称为蛆虫，而它们与成虫一样，也是形态多样的。蝇类幼虫是重要的，以腐烂的植物、真菌甚至动物为食。当我们看到蛆这个字的时候，难免会想起腐烂和疾病的画面，但有一种丝光绿蝇（*Lucilia sericata*）的幼虫在医学上可以用来清洁坏死的伤口，吃掉坏死的组织，从而促进组织愈合。

毛翅目和鳞翅目

　　最后介绍的两个分支是亲缘关系亲密的石蛾——毛翅目，以及由蝴蝶和蛾子组成的鳞翅目。

石蛾，包括约 1.4 万个物种，是幼虫水生的类群之一，它们的幼虫生活在各种各样的水生环境中，并且能够筑造小型管状巢穴。昆虫纲中只有两支真正生活在海水中的类群，一类是双翅目的海摇蚊属（Clunio）的摇蚊，另一类就是毛翅目中的海石蛾，属于海石蛾科（Chathamiidae），它们生活在潮间带的海藻中。还有一种石蛾（Philanisus plebeius）能够将卵产在海星（Patiriella exigua）体内。在海星体腔内，它们的卵被保护了起来，直到它们孵化出幼虫才离开海星的身体。

石蛾的寓所是由幼虫纺丝筑造而成，有的会使用小网从水中过滤食物或捕捉猎物，有的则是活跃在流水中的捕食者，它们会用丝线如安全绳一样缠绕自己，当它们游动捕食其他小型节肢动物时则将丝线另一端固定在岩石上。

令人印象最深刻的是石蛾会使用各种材料构建巢穴，根据石蛾种类的不同，使用的材料也不尽相同，从小木片到小石头不等。虽然有的巢穴是固定在某处的，但是还有一些种类的巢穴则是可以活动的，它们的幼虫能够将短小的足从前端开口伸出，并拖着身后的巢移动或者重新固定在别的地方。石蛾的蛹也会在水中用丝固定其庇护所，并最终羽化成纤细的成虫。它们成虫的翅膀覆盖有一层密毛，外表看上去毛茸茸的。而毛翅目的学名 "Trichoptera" 的

蝴蝶和蛾子（鳞翅目）可能是最常见的访花昆虫，它们的翅膀上覆盖有一层精细的鳞片，通常形成美丽的图案或者靓丽的颜色，例如图中所展示的帛斑蝶（Idea iasonia，左上）和鬼脸天蛾（Acherontia lachesis，右侧）以及芝麻鬼脸天蛾（Acherontia styx，左下）都围绕在爪哇坛花兰（Acanthephippium javanicum）旁。值得一提的是，鬼脸天蛾属 "Acherontia" 之所以得此名是因为它们胸部背面有着一张骷髅脸一样的图案。这个属的天蛾会通过模仿蜜蜂的气味来攻击蜂巢。（该图出自韦斯特伍德的《馆藏东洋区昆虫》）

ICONES ORNITHOPTERORUM.

Pl. 47.

POMPEOPTERA MAGELLANUS, Felder, 1,2,3 (Opalescent colours),
1a, 2a, Xanthochroic cols, 3,4, Felders ptype; 5,5a, neuration of 3.

蝴蝶是鳞翅目中最受欢迎的动物，也许没有哪一个物种能比美丽的鸟翼蝶（birdwing）更具有代表性。如图所示的是产自菲律宾的荧光裳凤蝶（Troides magellanus）。（该图出自罗伯特·H.F.里彭的《鸟翼凤蝶图谱》）

字面意思也正是"具毛的翅膀"，在希腊语中，"trichos"的意思是具毛的。羽化成虫后，它们非常形似细长的蛾子，除了花蜜以外，它们在陆生生活中几乎不取食别的食物，口器也通常退化。毛翅目成虫的寿命通常较短，它们的时间只用来寻找配偶和繁殖后代。雌性会把卵产在水面上或者悬在水边的植物上，这样刚孵化出来的幼虫就可以潜入水中，并开始编织它们的杰作。

蛾类和蝴蝶的物种数量大概有157 000种，足以让前文所提到的石蛾相形见绌。它们是迄今为止物种最为丰富的植食性昆虫类群。与石蛾不同的是，蝴蝶和蛾子的翅膀上覆盖着的是小鳞片而不是密毛，因此林奈将它们命名为鳞翅目（Lepidoptera，在希腊语中，"lepidos"是鳞片的意思）。除了可爱的鳞翅以外，所有的蝴蝶和蛾子（除了最原始的蛾类）都具有一个盘绕的虹吸式口器，用来吸取液体，如花蜜、水或者从腐烂的水果里流出的汁液。而其中最特殊的是来自东南亚的一类蛾子，壶夜蛾属（Calyptra）的物种演化到会以哺乳动物的血液为食。

蛾子和蝴蝶的幼虫都被称为毛毛虫，几乎所有的毛毛虫都是植食性的。很多蛾类的幼虫都是主要的农业害虫，例如番茄天蛾和烟草天蛾，它们都是天蛾科烟草天蛾属（Manduca）的一员。有的幼虫则是家居害虫，如衣蛾（Tineola bisselliella）。还有的幼虫能够给人类带来一定经济效益，例如家蚕（Bombyx mori）。家蚕并不是自然形成的，而是野桑蚕（Bombyx mandarina）的家养型。它们以桑叶为食，被人为选择并繁育了近5000年。家蚕结出的蚕茧被人们采摘，蚕丝则被精心抽取，用来生产珍贵的纺织品——丝绸。在古代，养蚕业的技术被视为机密，如果谁泄露就会被判处死刑。这些蛾类对我们的世界文化遗产非常重要，以至于亚洲各地的古代贸易路线被称为"丝绸之路"，其实丝绸只是贸易中的一小部分。

许多蛾子很小，除非是晚上在我们的灯下飞来飞去，否则都不会被人们注意到。然而，像乌柏大蚕蛾（*Attacus atlas*）和月尾大蚕蛾（*Actias luna*）这样的则是又美又大，前者的翅展可达 25.4 厘米。由此可见，许多蛾子的翅膀图案和最华丽的蝴蝶一样精美。

蝴蝶，其实也可以看作是在白天飞舞的花哨蛾子，其种类大概有 18 800 多种，但是它们也许是所有昆虫中最为人们熟知和喜爱的。几千年来，它们一直都是狂热收藏家和博物学家眼中的挚爱，也是无数艺术家、诗人和梦想家的创作灵感。人们在它们身上花费了大量的时间、金钱和精力去收集那些最大和最美丽的物种。在 18—19 世纪，众多的绘画作品都围绕着精美的蝴蝶展开，也许仅有鸟类和花卉能超越它们。实际上，最早的昆虫学会（也许是所有动物学会里最早的学会之一）是致力于蝴蝶研究的。蝶类学会（The Aurelian Society，也是皇家昆虫学会的前身）于 17 世纪晚期在伦敦成立。这个名字中的"aurelian"词源来自"aurelia"，是古拉丁语中蝴蝶蛹皮的意思，而 *aurelia* 本身则来源于"*aureus*"，是金色的意思，因为某些蝴蝶的蛹在羽化前呈现金黄色。蝴蝶本身夸张而丰富的色彩通常是对捕食者的警告，表示如果要捕食它们则要承担可能会中毒的后果。然而并非所有的情况都是如此，因为欺骗行为也是在不断进化的，那些体色的拟态者会向捕食者表明其实就算吃了它们也不会中毒。也许这么说会冒犯到 18 世纪大多数敏感的鳞翅目爱好者们，但是相对于蝴蝶的美丽和轻盈来说，它们的色彩确实在某些时候会误导人们。

完全变态类的具翅昆虫实现了我们有些人梦想过的两种不同生活。施旺麦丹和梅里安的经历告诉我们，这些看上去完全不同的生命阶段确实是来源于同一物种，要仔细地去观察其他人所看不到的：那些适应了环境的幼虫，或在水中摇曳着、或在陆地飞奔着、或在淤泥中打着洞，都是为了日后能够有一身"新衣"、新的生活以及有翅能飞行的新身份而努力地活着。

（下页图）不同寄生虫的细节展示。（该图出自奥利维尔的《百科全书·自然史卷·昆虫学》）

Puce

La Puce Penetrante.

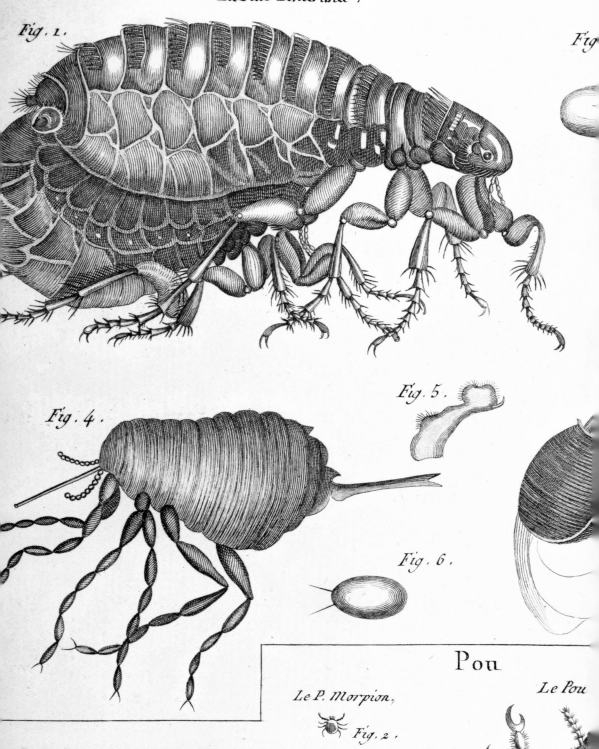

Fig. 1.

Fig

Fig. 4.

Fig. 5.

Fig. 6.

Pou

Le P. Morpion.

Fig. 2.

Le Pou

6

害虫、寄生虫与瘟疫

博物学家们观察到，

小昆虫身上还有更小的寄生虫。

而寄生虫身上，还有更小的虫在咬它们，

如此循环往复。

——乔纳森·斯威夫特（Jonathan Swift），
《诗集：狂想曲》（*On Poetry*，"*A Rhapsody*"，1733）

大多数的昆虫并不会咬人或蜇人，然而人们仍倾向于把它们都当作害虫或一种威胁来对待。作为一种防御的本能，人类会对创伤性事件的记忆更加深刻，因此在以后的日子里，我们面对造成这些创伤的来源会变得更加警惕。这种防御机制在文化层面和物种层面都是适用的，因此，我们可以理解，无论是我们自己，还是我们的社会，甚至是我们的祖先都会本能地在昆虫面前畏缩，因为我们曾经被它们咬过或者蜇伤过。诚然，某些昆虫对于人类来说是危险的，例如它们会与我们争夺食物、破坏

(右图) 某种蚊子的铜版画（可能是尖音库蚊），由简·施旺麦丹为其关于昆虫的自然史及变态发育的《普通昆虫自然史》一书所准备的插图。

(下页图) 各种各样的蚊子和它们的近亲。在图中央，是五斑按蚊（*Anopheles maculipennis*）。从左上角起顺时针方向为尖音库蚊；灰色伊蚊（*Aedes cinereus*）；晶幽蚊（*Chaoborus crystallinus*）；多变长足摇蚊（*Tanypus varius*）；粗足锯蠓（*Serromyia femorata*）；羽摇蚊（*Chironomus plumosus*）。（该图出自乔治·居维叶《动物界的生物划分》）

我们的家园、甚至直接威胁到我们的健康——特别是当人们对它们的毒素产生过敏反应的时候。虽然害虫或者寄生虫在我们的集体意识中占据一席之地，但是人类所认为的害虫或者寄生虫却仅代表了世界上昆虫种类的极小一部分，因此我们应该抵制我们天生的冲动，不要一见到昆虫就打死或者咒骂它们。大多数昆虫的生命活动对我们没有任何影响，反而以各种方式造福人类，帮助地

Blanchard pinx.   Em Sl part zool del.   Schmelz sc

1. *COUSIN COMMUN.* (Culex pipiens. *Lin.*)   2. *ANOPHÈLE À AILES TACHETÉES.* (Anopheles maculipennis. *Meig.*)

5. *ÆDE CENDRÉ.* (N.des cinereus. *Meig.*)   4. *CORÈTHRE PLUMICORNE.* (Corethra plumicornis. *Meig.*)

5. *CHIRONOME PLUMEUX.* (Chironomus plumosus. *Lin.*)   6. *TANYPE BIGARRÉ.* (Tanypus varius. *Fabr.*)

7. *CÉRATOPOGON FÉMORAL.* (Ceratopogon femorata. *Meig.*)

N.Remond imp.

球的生态系统发挥作用。所以说，如果昆虫真的想让自己变得有害并且给我们增添"bug"的话，它们可是非常善于这么做的。

跳蚤和虱子

美国医生汉斯·辛瑟尔（Hans Zinsser，1878—1940），是第一位分离出斑疹伤寒杆菌并研发出疫苗的人，在他的《老鼠、虱子和历史》（*Rats, Lice, and History*，1935）一书中写道："大剑、长矛、弓箭、机枪，甚至烈性炸药对国家命运的影响都远不及传染斑疹的虱子、传染鼠疫的跳蚤以及传染黄热病的蚊子。"仅仅斑疹伤寒和腺鼠疫就足以征服军队，将城市变成巨大的坟墓，在人类文明中传播比任何暴行还可怕的恐怖。

例如公元 541 年爆发的查士丁尼瘟疫，人们推测是由来自埃及和巴勒斯坦的鼠蚤传播，并在君士坦丁堡爆发。疫情随着时间和气候的变化而加剧，这场严重的鼠疫最终在欧洲和黎凡特地区造成了 2500 万人死亡，死亡人数据

（左图）跳蚤中如人蚤等物种可以寄生多种宿主，使得它们能够很轻易地在不同物种间转主寄生，例如从家养的宠物转移到人类身上。（该图出自奥古斯特·约翰·罗森霍夫《昆虫自然史》）

（右图）罗伯特·胡克在他具有里程碑意义的著作《显微图谱》中所展示的人虱（*Pediculus humanus*）。此书是第一本描绘了在各种显微镜头下所观察到的小动物和植物细节的书。借助他的显微镜，胡克首次观察到并命名了细胞，并对昆虫的复眼和其他结构进行了精细地解剖。

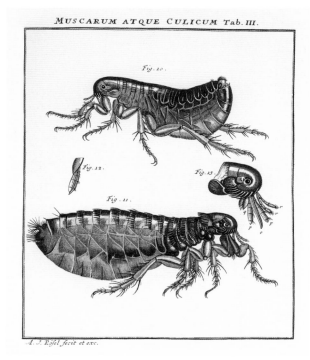

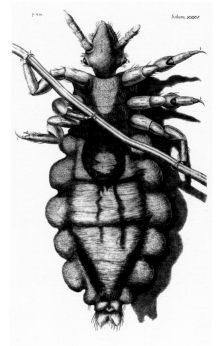

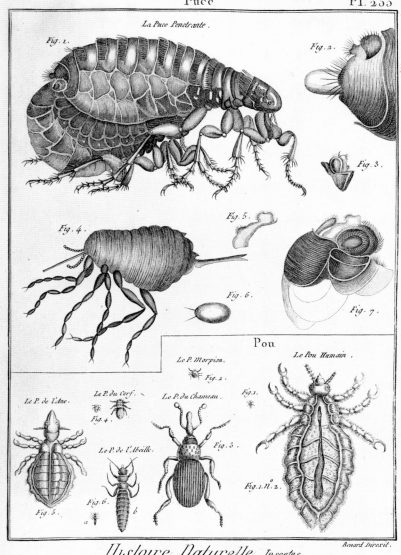

La Puce Penetrante.

Fig. 1.

Fig. 2.

Fig. 3.

Fig. 4.

Fig. 5.

Fig. 6.

Fig. 7.

Pou

Le P. Morpion.

Fig. 2.

Le P. de l'Ane.

Le P. du Cerf.

Fig. 4.

Le P. du Chameau.

Fig. 1.

Le Pou Humain.

Le P. de l'Abeille.

Fig. 3.

Fig. 5.

Fig. 6.

Fig. 1. N.º 2.

Histoire Naturelle, Insectes

Benard Direxit.

125

（上图）图中展示了各种寄生虫：一对交配中的跳蚤（蚤目，图左上方）和阴虱（*Pthirus pubis*，图左下方）以及体虱（图右下方）。此外还有各种各样长相奇怪的寄生性节肢动物，如甲虫、蜱虫等。（该图出自奥利维尔的《百科全书·自然史卷·昆虫学》）

信占当时全球总人口的 13%。如果今天再发生一场接近这个死亡率的大型流行病的话，按照目前美国人口推测，全美人口将被灭绝 3 次。皇帝查士丁尼一世（Emperor Justinian I，527—565）因建造圣索菲亚大教堂而闻名，他也面临感染鼠疫的困境，但最终成为少数的幸存者之一。不幸的是，查士丁尼一世英名毁于瘟疫，以至于在这场瘟疫的名字前面，都冠以他的名号。确实，如伟大的英国历史学家爱德华·吉本（Edward Gibbon，1737—1794）在他的作品《罗马帝国衰落史》（The History of the Decline and Fall of the Roman Empire，1776—1788）中提到，就查士丁尼一世的统治而言，"须因人类数量的明显减少而蒙羞，而在世界的一些偏远角落，这场瘟疫造成的死亡将无法弥补。"

1812 年，另一位皇帝——拿破仑率领约 60 万的军队向沙皇俄国进军，在经历了寒冬、营养不良以及虱子在部队内部传染斑疹伤寒之后，他不得不撤退了。在他仅仅 1 个月的行军时间里，他手下十分之一的将士就感染上了斑疹伤寒，而且还会有更多的人死于这种疾病。6 个月后，他们在战斗中被打败了，在饥寒交迫以及传染疾病的摧残下，他们最终只有 3 万人左右回到了法国。

除了上述例子以外，疟疾、登革热、黄热病、利什曼病、昏睡病、恰加斯病等传染病的肆虐，使得我们完全有理由去提防可以携带并传播病毒的昆虫。然而我们要知道的是，没有哪一种昆虫本身是会导致疾病的，而是某些特定的昆虫成了致病细菌、原生动物或病毒的载体。

有趣的是，在流行性斑疹伤寒这个病例中，其实这种疾病对于虱子和人类来说同样致命。体虱是已知可以传染普氏立克次氏体的昆虫，而这种病原体会导致人类罹患斑疹伤寒病。（虱子并不是通过叮咬人类传播立克次氏体的，而是通过它们的排泄物，当被虱子叮咬的人抓挠躯体时，会把这些排泄物揉搓进伤口之中。）健康的虱子通过取食已经严重感染立克次氏体的人类而被传染，然后它可能在死亡之前将疾病传染给另一个人。这些细菌会在虱子的肠道内大量繁殖，令它们的肠道内壁破裂，导致虱子死亡。因此有的人可能会说，如果站在虱子的角度来看，我们人类才是传染细菌给虱子的带病媒介。

臭虫、舌蝇和蚊子

恰加斯病的传播方式与流行性斑疹伤寒相似。这种疾病主要是由单细胞生物克鲁斯锥虫引起的，在热带美洲地区广泛传播。如同流行性斑疹伤寒一样，这种单细胞生物也存在于载体昆虫的虫粪之中。在本例中，载体昆虫是锥猎蝽，属于锥猎蝽亚科（Triatominae）里的物种。在人类居住地，这些锥猎蝽白天躲避在床沿或者其他边缘地方，晚上出来觅食。虫子进食后会迅速消化排便，正是通过人们的抓挠，致病微生物才进入我们的身体。一些历史学家认为，达尔文成年之后的大部分时间里都在忍受病痛的折磨，而他患上的正是恰加斯病。这是因为当年他乘坐英国皇家海军的小猎犬号在阿根廷旅行时被锥猎蝽咬伤所致。

昏睡病，或称非洲锥虫病，也是由锥虫属（Trypanosoma）的某种原虫引起的疾病，当舌蝇叮咬我们的时候，这种原虫被注入我们的血管中。疟疾，同样也是由寄生性原生动物——疟原虫所引起的，而疟原虫则是通过按蚊属（Anopheles）的蚊子传播。它们会入侵蚊子的唾液腺，当蚊子叮咬人类的时候，便随着蚊子的唾液进入人体。鼠疫由鼠疫杆菌（Yersinia pestis）引起，这种细菌通常会感染啮齿动物。在城区中，老鼠是这种细菌的主要载体，不过硕鼠、松鼠甚至是沙鼠都有可能感染这种细菌。这些啮齿动物身上寄生着印鼠客蚤（Xenopsylla cheopis），这类跳蚤能够将病菌传染给人类。当啮齿动物接近人类社会的时候，同时也把它们身上的跳蚤带给了人类。根据历史上大流行病发生的记载，先是亚洲的气候导致了流行病的爆发，似乎最早的传播源是野生的沙鼠，接着传染病便席卷了欧洲。在欧洲，传播源变成了其他啮齿动物和跳蚤，由于中世纪城市肮脏的生活条件，瘟疫肆虐，导致了灾难性的后果。

臭虫和蝇蛆

即使虱子和跳蚤会寄生于我们人类，但并不是每一只昆虫都会带来前文所介绍的那么严重的伤害。尽管某些吸血性昆虫在叮咬时会产生严重的刺激或过敏反应，进而引起疼痛，但一般蚊子的叮咬也不过是惹人烦以及引发

（下图）当我们人类祖先居住于现在中东地区的一些洞穴中时，温带臭虫（Cimex lectularius）便首次与人类有了联系。随后它们又随同人类迁徙辗转到世界各地。（该图出自居维叶的《动物界的生物划分》）

虱子与人

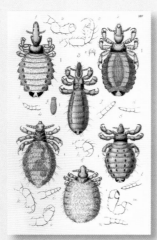

（上图）亨利·丹尼的绘画技艺证明了那些被人们谩骂的寄生虫也能令人赞叹。如图展示的是多寄生于我们家养牲畜的血虱科（Haematopinidae）的物种。（该图出自丹尼的《不列颠虱目昆虫志》）

说起来并不奇怪，19世纪那些精美的插画作品很少有描述人类体外寄生虫的，譬如虱子或跳蚤。试想一下，即使人们看到这些遭受骂名的生物具有五颜六色的外表，又能对它们有多少好感呢？不过，在当时那些专著中，有一部专门以虱子为研究对象的格外吸引眼球。亨利·丹尼是英国昆虫学家，被广泛认为是研究寄生虫的权威。在1825年，丹尼被任命为利兹文学与哲学学会的首任会长，该学会后来创立了利兹市博物馆。1842年，他发表了他的专著《不列颠虱目昆虫志》，这是一本专门研究虱亚目的著作，在这个类群中便包括了对人类有害的那三种虱子。世界范围内，吸虱亚目共有约550个物种，其中绝大多数生活在哺乳动物身上，从土豚、大象，到狐猴甚至是海豹。

丹尼从1827年开始了他的这项研究，在之后15年时间里，他将自己的闲暇时间都投入其中。他也经常因为研究这个类群而受到别人的指责，就如同他在专著序言中写到的那样"仅仅是这些生物的名字，都足以让人感到厌恶"。这本书中的一切他都亲力亲为，包括绘制许多精细而准确的解剖图，描绘了所有的物种，总结关于这个类群当时所知的一切知识。在当时，很难想象一张虱子的图片能有多么好看，但是丹尼的专著做到了。由于丹尼的这项工作出现在人们对演化的历程有所理解之前，也早于发现体虱在传播致病微生物起关键作用之前，这导致了当时人们对自然界中这类寄生虫的起源产生了一些相当奇怪的看法。丹尼在前言中写道：

"关于寄生动物是何时被创造的，我不愿发表意见，因为这是那些不可能被简单解释验证的推论之一。尽管我敬重的好友，英国昆虫学之父——牧师柯比博士推测，寄生在人类身上的昆虫，直到亚当堕落之后才出现。'我们相信，'他说道，'在他荣耀，美丽和尊严的原始状态下，他会成为这些不洁的、令人生厌的生物的宿主和猎物吗？'"

事实上，虱子是种非常古老的生物。人们在德国一块距今约 5000 万年前的页岩中，发现了保存完好的鸟虱。虱子早在人类出现之前就已经在哺乳动物身上肆虐了，它们无疑也在现代人出现之前，就开始折磨我们的原始人类祖先了。丹尼写道：

"很难确定在宇宙中，这类生物有何作用，虽然我不能完全相信林奈所说的虱子能够让饱腹的男孩免于咳嗽、癫痫等疾病，但我认为，在某种程度上，虱子能促使人们保持清洁进而保证身体健康。如果不是因为虱子在人身上能够不断繁殖变多，并且使人们感到不适，那么很多人可能都不会在乎体面，甚至他们几乎不会去清洗自己的身体。但是，正是由于虱子这种特殊的刺激，时不时地洗澡对于人们来说是绝对必要的。"

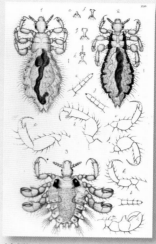

（上图）人身上的虱子，从左上角顺时针方向依次是：体虱、头虱和阴虱。其中，体虱和头虱是同一个物种的两个不同亚种，大概在 10 万年前就彼此产生了分化。（该图出自丹尼的专著）

如果丹尼知道了虱子它们在传播致病细菌中所扮演的角色，知道它们是导致如战壕热病、斑疹伤寒，以及在感染牲畜和家禽方面也有同样类似的作用的话，那么他可能会用更加恐惧和担忧的心态去看待它们。可以说，比起虱子引起的瘙痒，这些微小的细菌让人们更愿意去保持洁净。

丹尼本打算将他的研究范围扩展到国外的虱子种类，他从同事们那里收购标本，包括达尔文乘坐小猎犬号航程中采集的标本。他花费数年时间准备了精美的平版印刷品来配合完成他那宏伟的愿景。不幸的是，因为他想要完成的这项工作，其工作量如此之大，直到他去世时仍未做完。时任霍普昆虫研究中心教授兼牛津大学昆虫馆馆长的约翰·韦斯特伍德从丹尼的遗孀手中收购了丹尼所有的藏品和图版，希望能够完成这项工作。但即使是不屈不挠的韦斯特伍德也被这项工作的规模和预计成本压得喘不过气来，这些材料至今仍保存在牛津大学博物馆。

最终，丹尼一生只发表了两部作品，一部是他关于英国虱子的专著，另一部是稍早之前的（1825 年）关于对英国蚁甲亚科（Pselaphinae）和苔甲亚科（Scydmaeninae）相当精美的描绘。然而，他最主要的工作还是对寄生虫研究方面做出的巨大贡献，直到半个世纪后，才有瑞士昆虫学家爱德华·皮亚杰（Édouard Piaget，1817—1910）以发表《虱子专论》（Essai monographique）的形式在他的基础上取得了真正的进步。尽管皮亚杰在物种的覆盖范围上超过了他的前任，但是丹尼的精美画作仍技高一筹，并且通过他的艺术手法，让我们对这些动物少了一些厌恶，甚至可能欣赏到它们的微妙之美。

瘙痒的红包。由于人们过度使用杀虫剂，导致一些昆虫的抗药性增强，臭虫——这种在城市中严重祸害我们的小虫正在卷土重来。臭虫所在的科是由不到 100 个专性吸血的物种组成，其中只有三种能吸食人类的血液，而这三种中真正会引起大麻烦的只有两种。这个科其他的成员则演化为寄生在蝙蝠、鸟类或小型哺乳动物身上，对我们人类不屑一顾。温带臭虫的学名 "*Cimex lectularius*" 源自拉丁语中"床"或"沙发"。臭虫虽然不会传播任何疾病，但它们具有侵略性和刺激性的叮咬则令人担忧。这些无翅的半翅目昆虫在我们的生活中如此普遍，以至于我们希望自己心爱之人拥有一个愉快的夜晚和舒适的睡眠时会说："晚安，睡安稳，愿臭虫别咬人"。臭虫最原始的寄主可能是蝙蝠，即使今天，在蝙蝠、鸡甚至一些其他家养动物的身上也会发现温带臭虫的身影。

人们认为臭虫最早与中东地区那些和蝙蝠共同生活在洞穴中的人类常常接触，之后便随着我们文明的发展而传播。臭虫并不完全生活在宿主身上，它只在夜间冒险爬到宿主身上吸血，白天则撤回到宿主的栖地、巢穴边。以人类为例，臭虫会在我们的卧室居住并繁衍。16 世纪 50 年代，在伦敦出现了最早的灭虫公司。1730 年，英国灭虫专家约翰·索瑟尔（John Southall）出版了一本关于臭虫的手册，名为《论臭虫》（*A Treatise of Buggs*），在书中

缤纷的昆虫

他比以前的学者更为全面地概述了臭虫的生物学特性。索瑟尔依靠一种他称为"全效液"的神秘混合物，有偿提供治理家具或家中臭虫的服务。据说这种最有效的灭虫手段，是他于 1727 年访问牙买加时，一位非洲老人传授给他的。有的人因约翰·索瑟尔将配方严格保密而不快，一位名叫 J. 库克（J. Cook）的人便给《伦敦杂志》（*London Magazine*）写过一封信，谴责他这么做。

当然，害虫也不仅仅危害人类，它们也会攻击我们的牲畜和作物。我们饲养的每一种哺乳动物或者鸟类，包括那些我们所珍视的宠物，被许多寄生性昆虫视为美食。最糟糕的是，一些害虫所造成的大面积作物被侵害，会导致饥荒以及因饥荒带来的灾难。

马和牛会受到许多昆虫的严重侵扰，包括吸血的虻、蚋、皮蝇、锥蝇、虱子、跳蚤以及其他种类。这些昆虫，或者作为致病甚至致命传染病的媒介，或者直接造成伤害和牲畜死亡。蝇蛆病是一种蝇蛆寄生在哺乳动物宿主皮下取食身体组织的一种疾病。在蝇蛆病的案例中，皮蝇和锥蝇是臭名昭著的罪魁祸首。例如，螺旋锥蝇（*Cochliomyia hominivorax*）对牛的伤害极大，它们的蛆会在健康的组织中钻洞取食，在皮肤上造成奇特的损伤，就像是被小螺丝钉钻过的一样。一旦这些像小螺丝钉一般的蛆钻进了组织，在体外唯一能看到的是它们腹部末端的呼吸管。另一个与它近缘的物种，腐败锥蝇（*C. macellaria*），则更喜欢取食腐败的动物组织，由于这种蛆在体内的发育过程能够推测并揭示宿主死亡的时间和地点，因此它们也成了法医和侦探的重要工具，这种应用促进了法医昆虫学领域的发展。

蝗虫与其他植食性昆虫

与那些取食腐肉的蛆虫比起来，至少各种取食水果、蔬菜和谷物的毛毛虫、蚜虫，蜂类和甲虫没

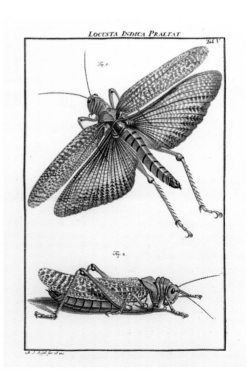

（下图）蝗虫以及其他蝗科昆虫（如此处展示的体型大且色彩斑斓的橙斑翅巨蝗 *Tropidacris cristata*）几千年来一直影响着我们人类的社会、文化以及神话，时至今日，它们依旧在取食着我们的庄稼。（该图出自：奥古斯特·冯·罗森霍夫的《昆虫的自然史》）

LOCUSTA INDICA PRAEFAT

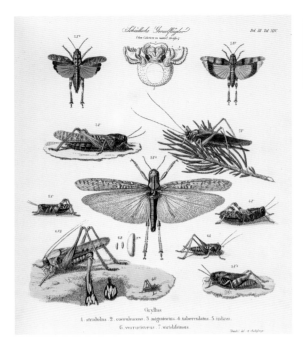

（左图）这里展示的是伟大的森林昆虫学之父——朱利叶斯·T. C. 拉斯伯格（Julius T. C. Ratzeburg）在他的专著中所绘制的图。图画中华丽地展示了在德国森林中发现的各种直翅目的外形和生物学习性。[该图出自《森林昆虫学》（Die Forst-Insecten，1844）第三卷]

（右图）叶甲的形态和生物学习性各不相同，如图所示的外形像是小型彩色乌龟的龟甲，是其覆盖身体的坚硬鞘翅向身体两侧扩展所致。[该图出自儒勒-塞巴斯蒂安-塞萨尔·迪蒙·迪维尔（Jules-Sébastien-César Dumont d'Urville）的《在护卫舰星盘号和热心号上的南极洲和大洋洲之旅》（Voyage au pôle Sud et dans l'Océanie sur les corvettes l'Astrolabe et la Zélée，1842—1854）]

有那么令人恶心。也许人们最为熟悉的农业害虫要数蝗虫了。当我们人类还在使用楔形文字和象形文字的时候，就有关于蝗灾的记录了。蝗群是蝗虫在特定条件下可能发生的群集，许多蝗科的物种都有这种群聚行为。通常散居型蝗虫由于食物短缺或干旱而大量聚集在一起，这样会导致血清素分泌增加，使得散居型转变为群居型蝗虫。同时导致了蝗虫一系列生理和行为学的变化，包括更高的新陈代谢速率，个体更加贪婪地取食，更容易互相吸引交配繁殖，最终成为一个富有凝聚力的蝗群。在一些蝗科物种中，群居型个体与散居型个体会呈现不同的体色。

最大的蝗群可包含数十亿只蝗虫，它们足以遮天蔽日。当它们成群飞行的时候，很容易受风向的影响，严重时所有的蝗群会被吹到大海中淹死，甚至沉积在冰川上。人们在数千年前厚厚的冰层中发现了蝗群，让我们得以瞥见古代蝗灾的爆发。可以想象，数十亿只蝗虫需要大量的食物，每只蝗虫每天要吃掉与自己等重的植物，甚至是耕地中已经成熟等待收获的作物。因此，当风出人意料地从空中带来"蝗虫云"吞噬人们的作物并因此导致饥荒和死亡的事时有发生，也难怪古埃及人和其他古文明的人类会为此感到恐惧。今天，仍旧还有蝗灾，对农作物造成的损失可能高达数十亿美元。其中最具破坏性的物种是沙漠蝗（*Schistocerca gregaria*）和东亚飞蝗（*Locusta migratoria*）。

各种各样的植食性昆虫在我们的田野里、粮仓中取食，它们有的破坏观赏植物和硬木，使叶片枯萎，有的钻进树干、茎秆，产生难看的虫瘿。这类植食性害虫种类繁多，但是大多数均为甲虫和蛾类的幼虫，或者是蚜虫、蓟马、螨类以及蝗虫、蠡斯的若虫。

马铃薯甲虫（*Leptinotarsa decemlineata*）是世界上主要的农业害虫之一。虽然从它们的名字能看出它们主要危害马铃薯，但是它们同时也会出现在其他茄属植物如西红柿上，并造成同样的危害。它们主要是在幼虫阶段产生危害，其种群数量能迅速增长到某一程度，以至于每一棵植物上都挤满了红色肥硕的幼虫在大快朵颐。这种甲虫最初是在 19 世纪初期的科罗拉多州山区被发现，原产于墨西哥和美国，但是现在成了危害全球马铃薯、西红柿和茄子的害虫。在冷战期间，美国中央情报局被指控蓄意使用这种甲虫作为破坏苏联农业生产的生物武器。但事实并非如此。苏联中央委员会没有意识到，甲虫这类昆虫并不需要任何政府的帮助就可以传播和制造灾难。如今，由于马铃薯甲虫对农药的抗性增强，使得它们变得更加麻烦，因此，最靠谱的可持续发展方案便是在这种甲虫和人类之间实现某种"平衡"。

Schädliche/Blatt/Käfer nebst Fraß.
Gel. Taf. XX.

Chrysomela

Fig.1.Pini. 2.quadripunctata. 3.Tremulae. 4.Populi. 5.Capreae. 6.Alni. 7.Vitellinae. 8.oleracea.
9.10.pinicola. 11.Helxines. 12.flexuosa. 15.aenea.

（上图）叶甲是一类物种丰富度极高的类群，拥有超过 37 000 个物种，它们那饥饿的幼虫宝宝们能够吃光植物的叶片。（该图出自拉斯伯格的《森林昆虫学》第一卷）

森林中的昆虫

（上图）拉斯伯格对森林昆虫在寄主植物上的描述是如此精确，以至于德国各地都以《森林昆虫学》为标准，来鉴定昆虫及参考其文献。这幅图来自第二卷，描绘了五种不同的尺蛾，其中许多都是臭名昭著的害虫，例如图中央的桦尺蠖（*Biston betularia*）。

在任何领域，努力都会有进步，每年都会不断地积累新的重要信息。最终，可能会产生一个转折点。在这个转折点上，该领域会产生戏剧性的综合与重塑，并产生一个范式转变，将过去所有的努力置于一个新的角度，取其精华而去其糟粕。

在昆虫学的一个分支领域中，朱利叶斯·T. C. 拉斯伯格（1801—1871）就是促进这样一场知识革命产生的人，他被当作森林昆虫学家的守护神，是公认的将这一领域（森林昆虫学）当作一门科学建立起来的奠基人。

许多昆虫都生活在森林之中，但是森林昆虫学本身关注的是森林资源的发展，以及与之有关的昆虫物种是如何促进或阻碍森林发展的。在拉斯伯格之前，或许有人提到过森林昆虫学，但他们主要记录的只是某些昆虫的爆发，并没有试图真正去调查研究它们潜在的生物学原理。约翰·M. 贝希斯坦（Johann M. Bechstein，1757—1822）和乔治·L. 夏芬伯格（Georg L. Scharfenberg，1746—1810）在当时共同创作了有关森林昆虫学的权威之作——三卷本的《森林害虫的完整自然史》（*Voll-ständige Naturgeschichte der schädlichen Forstinsekten*，1804）。可是这两位作者都不是根据处理相关物种所得到的大量个人实践经历来写作，相反，他们只是对其他通常存在错误的知识进行了纠正和总结。

拉斯伯格的研究生涯开始于距离柏林不远的埃伯斯瓦尔德，他在那儿目睹了昆虫对周围森林的大规模破坏。于是他立刻翻开贝希斯坦和夏芬伯格的书卷，但是很快他便发现这些书卷是如此的肤浅。拉斯伯格意识到需要开展一些实质性的和更为严谨的工作，于是在1835年，他开始往这方面努力，希望能够提供防治森林昆虫所

（上图）这幅来自《森林害虫的完整自然史》中的插图描绘了各种植食性膜翅目的生命周期，例如叶蜂（膜翅目叶蜂科，Tenthredinidae）的幼虫表面上看类似于毛毛虫，以叶片为食，如果不加以控制它会把整棵树的叶子吃得精光。

急需的综合性资料。今天，人们理所当然地认为，任何科学研究都是从对现有的文献进行彻底的调查开始，但是在当时，很少有人这么做。尽管如此，拉斯伯格还是把所有与森林昆虫有关的已有文献全部收集起来，并彻底地学习与消化。他还写信给每一位森林学家和博物学家，并得到了他们的回复。他询问并了解他们对昆虫的观察结果和他们发现的准确性，以及学习他们在对待特定害虫方面所积累的经验。随着时间的推移，德国政府指示所有管理森林方面的官员直接向拉斯伯格发送信息，因此，拉斯伯格的办公室也就成了所有与昆虫和森林相关事务的枢纽。所有的这些做法都很好而且很有价值，但是拉斯伯格认为，真正理解这些物种的唯一手段是通过本人的观察和积累经验。因此，他几乎每天都有很大一部分时间待在森林里，对许多相关物种的生活亲自进行详细的记录，以此证实或反驳别人发送给他的大量观察结果。拉斯伯格还在实验室饲养了许多物种，使得他能够在一定条件下进行试验，看看这些实验条件是如何影响每种昆虫的生存和发育。通过这种方式，他得以纠正几十年甚至几百年来一直存在的错误观念。

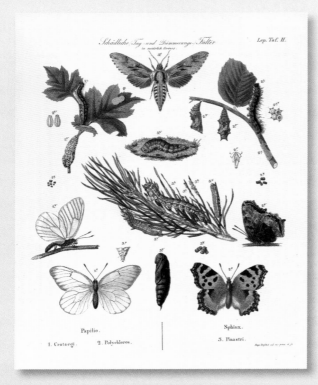

Schädliche Tag- und Dämmerungs-Falter
(in natürlich Größe)

Lep. Taf. II.

Papilio.
1. Crataegi.   2. Polychloros.

Sphinx.
3. Pinastri.

（上图）拉斯伯格所著的三卷关于森林昆虫的书，里面详细记录了对有害昆虫的观察，并以其详尽的版画，描绘了昆虫以及它们不同生活阶段，还有它们所造成的损害特征（如图所示的三种昆虫），而更具使用价值。如第二卷中的这幅插图展示的松天蛾（*Sphinx pinastri*，图上方）、山楂绢粉蝶（*Aporia crataegi*，左下）以及榆蛱蝶（*Nymphalis polychloros*）。

1837 年，拉斯伯格出版了他关于森林昆虫学三卷书中的第一卷。介绍了森林昆虫的概念并讨论了各种甲虫含象甲等。随后在 1840 年，他出版了介绍蝶蛾的一卷，到 1844 年，出版了关于其他类群的最后一卷，其中包括如蝗虫、蚜虫、叶蜂、草蛉以及各种蝇类。每一卷都附有详细的图版，描绘了特定的物种，并且非常重要的是，拉斯伯格还描绘了许多物种幼虫阶段的插图，以及它们对植物的危害。这些插图都非常的准确，其中大部分都是拉斯伯格本人起草的。为了证明这项工作的广适性和价值，德国财政部花钱请人把副本寄给普鲁士的每一位林业官员。拉斯伯格的《森林昆虫学》堪称一个世纪以来同类作品中覆盖范围最广、内容最详细的作品，即使是在今天，他精美的昆虫版画也以其准确性而著称。

象甲

在所有昆虫类群中象甲是演化得相当成功的一类甲虫，它们属于象甲总科（Curculionoidea），因为头部具有细长的"喙"而闻名，但也因为其对各种植物造成的损害而恶名昭著。世界各地已记录的象甲有大约6万多种，即使是每次最粗略的昆虫考察都有可能发现象甲的新种。各种象甲已经演化到可以取食植物的几乎每一个部位，它们的成虫或幼虫可以取食根、茎、叶、花、种子，等等。它们能够如此广泛地取食植物主要归功于它们的喙。尽管人们有所误解，但是象甲细长的喙可不是用来吸取液体的。实际上，这些喙的顶端具有完整的口器，只是尺寸有所缩小。喙的产生，使得象甲不仅能够取食那些以其他方式无法接近的植物，而且可以更深地咀嚼特定的植物组织，或在地面上打洞产卵。和其他大多数甲虫一样，象甲的产卵器本来不值一提，但是有了喙的帮助，它们的卵能够产到通常别的昆虫接触不到的地方。然后，在理想情况下，象甲幼虫孵化之后会钻蛀取食植物的根系、茎或其他组织，从而造成相当大的危害，尤其是当虫口数量较多的时候。

棉铃象甲（*Anthonomus grandis*）最早产于墨西哥中部，但在1890年被引入到了美国，并在1920年迅速席卷了美国整个南部地区。今天，它们仍然是棉花上的主要害虫。象甲科米象属（*Sitophilus*）的多种象甲，对我们许多重要的农作物都具有毁灭性危害，它们以稻米、小麦和玉米等谷物为食，并在其中繁殖生长。并非所有的象甲都和我们争夺食物，有些象甲，如双色蔷薇剪枝象（*Merhynchites bicolor*），会从花园中的花朵或花芽中钻出，成

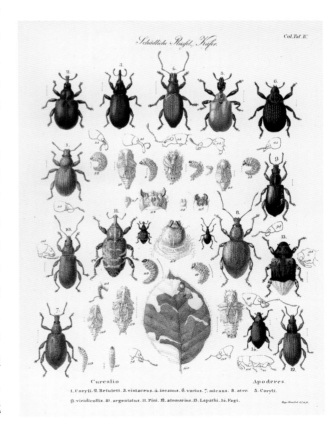

（下图）全球象甲总科拥有超过6万个物种，是危害最为严重的甲虫之一。它们独特的解剖学结构使得象甲的不同物种能够几乎以植物的任一部位为食。[该图出自拉斯伯格《森林昆虫学》（第一卷）]

Schädliche Rüssel Käfer.

Col.Taf. IV.

Curculio

1. Coryli. 2. Betuleti. 3. violaceus. 4. incanus. 6. varius. 7. micans. 8. ater.

9. viridicollis. 10. argentatus. 11. Pini. 12. atomarius. 13. Lapathi.

Apoderes

5. Coryli. 14. Fagi.

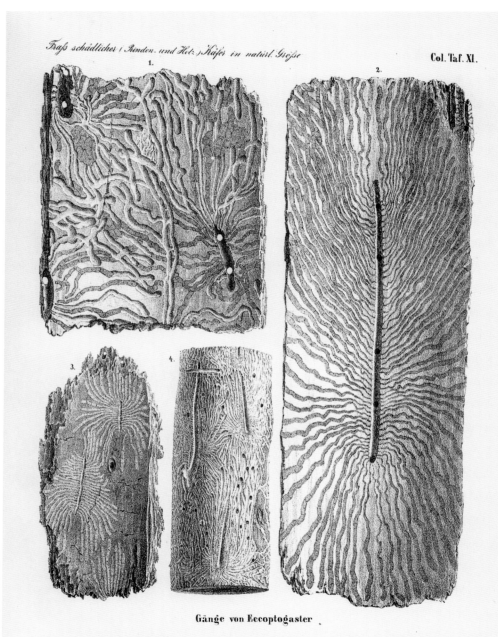

Fraß schädlicher (Rinden- und Holz-) Käfer in natürl. Größe

Col. Taf. XI.

1.

2.

3.

4.

Gänge von Eccoptogaster

1.Scolytus (unter Ulmenrinde). 2.destructor (unter Birkenrinde). 3. multistriatus (unter Ulmenrinde). 4. rugulosus (auf Pflaumenholz).

（上图）由小蠹（小蠹科，Scolytidae）造成的蛀道，尽管对树木有害，但是仍让人觉得叹为观止。小蠹也是一种象甲，只不过在演化的过程中失去了象甲所特有的喙。［该图出自拉斯伯格《森林昆虫学》（第一卷）］

为园艺人的噩梦。其他的种类，例如美雕齿小蠹（*Ips calligraphus*）由于喙部的缺失（返祖现象），很难被认作是象甲，但是它们仍具有与象甲同样的破坏性。通常被称为蠹虫的小甲虫，其实只是一种喙特化了的象甲，它们特别喜欢侵害那些我们当作木材使用的硬木。美雕齿小蠹之所以得名，是因为其名字中"calligraphy"的意思是书法，指的是它们的幼虫在树干上蛀洞的时候会产生蛀道，像是精美的书法作品或者是雕刻艺术，但却使得木材会因此变得毫无用处。各种各样的小蠹对林业构成了巨大的威胁，特别是那些缺乏自然制衡的入侵物种，它们没有像能够控制本地害虫肆虐那样控制它们的天敌。

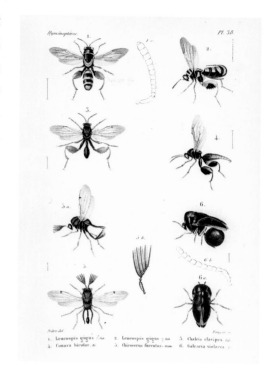

还有成千上万种寄生虫或植食性昆虫不会攻击我们，也不会破坏我们的作物，因此它们对我们并没有害处。但是对于它们所影响的物种来说，它们却又算是害虫，但此时它们带来的灾害通常并不会引起我们的注意。大多数的寄生虫会侵害其他的昆虫，虽然理论上来讲它们是寄生虫，但是我们认为其中有的也是有益的，因为我们可以利用它们的力量来为我们人类带来好处。举个例子，寄生蜂对于它们所攻击的昆虫来说，无疑是可怕的，但是它们的长处可以被我们人类利用到生物防治之中。比如黄蚜小蜂属（*Aphytis*）的寄生蜂能够寄生在以柑橘、橄榄和其他果园树木为食的粉蚧以及其他介壳虫身上。它们将卵产在这些寄主的身上，发育中的幼虫便会从内部蚕食受害者。真所谓彼之砒霜，吾之蜜糖。

（上图）如图所示，有的寄生虫对人类是有益的，比如我们会使用小蜂（小蜂科，Chalcidoidea）来作为生物防治的材料，将作物上的害虫限制在可以防控的水平。（该图出自圣法尔戈伯爵阿梅代·路易·米歇尔·勒佩莱蒂埃的《昆虫自然史》）

（下页图）一种扭突白蚁（*Dicuspiditermes nemorosus*）的蚁巢。[该图出自乔治·D.哈维兰（George D. Haviland）1898年发表在《伦敦林奈动物学报》（*The Journal of the Linnean Society of LondonZoology*）上的《白蚁之观察》（*Observations on Termites*）]

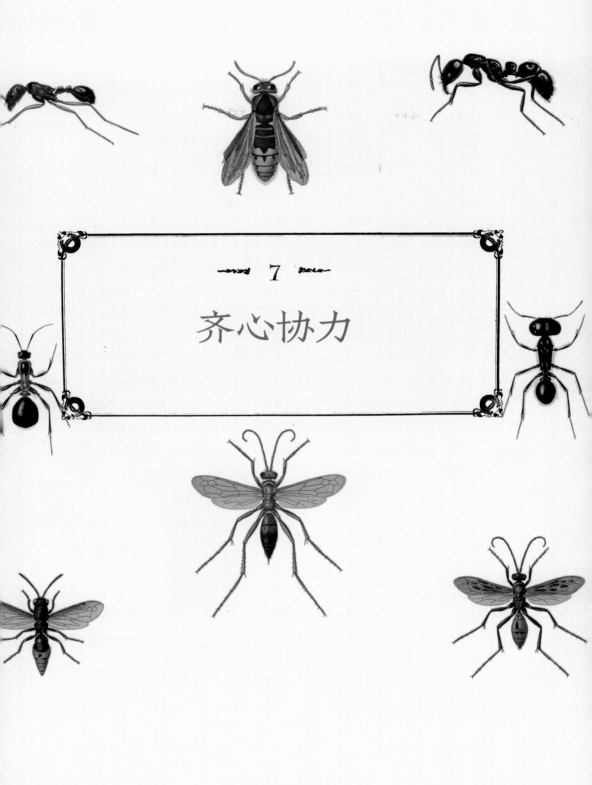

7

齐心协力

"没有人是一座孤岛。"

—— 约翰·多恩（John Donne），
《紧急时刻的祷告，沉思第十七篇》
（*Devotions upon Emergent Occasions*，Meditation XVII，1624）

人类是社会型动物，至少我们中的大部分人都是。我们会对那些表现出类似社会本能的其他物种具有特殊的亲切感，这也是很自然的。我们从这些动物身上看到了与自我及人类演化的相似之处。社会关系的组成形式有很多种，从亲代育幼投入的程度，到拥有成千上万（甚至数百万）个体的大型社群。除了人类外，几乎所有真正复杂的动物社会都是在节肢动物中被发现的，而且大多数都是昆虫。

一个社会，当然是由每个个体组成的。最简单的社会表现可能是亲代给予子代更多的照顾。昆虫世界中充满着善于保护孩子的母亲，从蠼螋到叶甲，它们的许多育幼行为与那些照顾鸟蛋和雏鸟的鸟类没有太大的区别。其次，社会也是一个社交群体，例如大量聚集的跳虫、甚至蝗虫，也代表了一种简单的社会性行为。在某些物种中，同一世代的昆虫会在一个共同场所中聚集在一起，例如在地下具有分支的洞穴中或树木中的巢穴里。在这些集体的巢穴中，种群获得了集体协助的优势，否则每个母亲都要独立地去抚养自己的后代。在天幕毛虫、胡蜂、甲虫和一些蜜蜂中都存在着这样的社会性行为。

社会性的终极表现为世代重叠的雌性在一个共同的巢穴中聚集在一起，即使后代仅仅来自全部雌性中的一小部分，它们也会在繁育过程中互相协作。这种社会性行为被称为"真社会性（eusocial）"，这个词是美国蜜蜂生物学家苏珊·巴特拉（Suzanne Batra）于1966年创造的，其字面意思是"真正社会的"（前缀 eu 表示真的意思，源于古希腊语，其本意是"好的"）。在真社会性群体里，一些雌性会放弃自己的繁殖机会，来帮助养育其他同类雌性或雌性子代的后代。这些不繁殖的雌性被称为"劳工"（worker，如

MUSÉE ENTOMOLOGIQUE

Stylops melittæ.

Vespa arborea et son nid.

Cilissa hæmorrhoïdalis.

Eumenes et son nid.

Andrena nitida.

Nomada ruficornis.

Andrena Trimmerana.

Formica rufa et son nid.

Larve et nid d'Andrena.

HYMÉNOPTÈRES. — Pl. XI

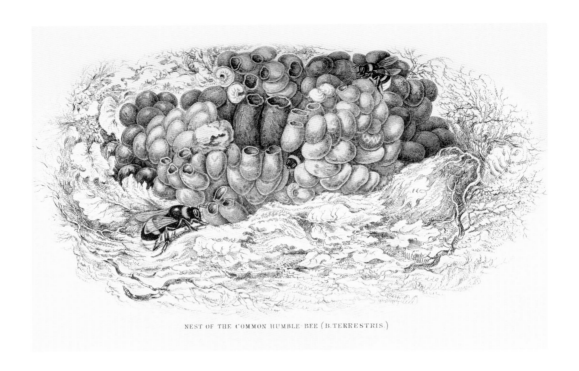

NEST OF THE COMMON HUMBLE-BEE (B.TERRESTRIS.)

（上图） 图中展示的是欧洲熊蜂
（*Bombus terrestris*）的巢。它是
由一系列单独的蛹室松散地聚
集成簇的。其中一部分用来存
储食物，而另一些则是幼虫发
育的"育婴室"。［该图出自
威廉·贾丁（William Jardine）
编写的《蜜蜂——英国及其
他国家蜜蜂的用途与经济学
管理》（*Comprehending the Uses
and Economical Management of
the Honey—Bee of Britain and
Other Countries*，1846）］

工蚁、工蜂等），而产卵的雌性被称为"女王"（queen），它们代表社会中不
同的等级。在最原始的真社会性昆虫中，劳工其实是具有产卵能力的，但是
它们选择不去与雄性交配，而只是协助女王，对于劳工来说，女王可能是它
们的姐妹，也可能是它们的母亲。如果女王受伤或者死亡，那么任何一名工
者都可能继任她的位置成为新的女王。因此，它们社会等级的不同只是体现
在行为上，并且它们的社会结构具有灵活性，雌蜂的社会性便是这种形式。

　　然而，有的真社会性昆虫的等级制度就更加严格了，不育的劳工与女王
之间存在着相当大的解剖学差异。在这种社会种群里，劳工是不可能取代女
王地位的。实际上，一些最普遍和在生态上占主导地位的昆虫都是如此，尤
其是蚂蚁、白蚁和某些蜂类（包括蜜蜂）这三类。所有的蚂蚁和白蚁都是高
度进化的真社会性昆虫，而在蜜蜂中，社会性行为的产生只是少数例外，并
不是千篇一律。在蜜蜂科的两万多个物种中，大多数蜜蜂都是独居性的，其
中只有不到 5% 的类群产生了独特的真社会性。以上这三类真社会性昆虫暗
地里统治着我们的星球。但是除了它们之外，还有一些别的昆虫类群也有真

缤纷的昆虫

社会性，比如社会性的蚜虫和蓟马，甚至还有一种原始的真社会性粉蠹，这种粉蠹生活在澳大利亚东南部桉树心材中的驻道里。在昆虫纲之外，真社会性动物还是很少见的，在一些蜘蛛和枪虾以及其他两种动物中有所报道。有人认为，人类社会的某些特点符合真社会性的概念，因此我们也能将自己归于此类。

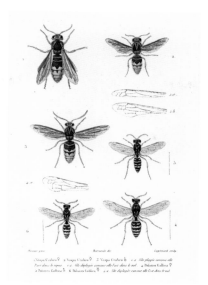

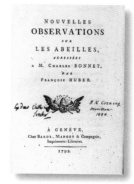

（左图）图中展示的是两种不同胡蜂的三种不同等级：分别是黄边胡蜂（*Vespa crabro*）和柞蚕马蜂（*Polistes gallicus*）。（该图出自圣法尔若侯爵阿梅代·路易·米歇尔·勒佩莱蒂埃的《昆虫的自然史》）

（右图）这幅图展示的是弗朗索瓦·胡贝尔《蜜蜂之新观察》的扉页。尽管他当时已经失明，但是在这本书中他详细介绍了他对意大利蜜蜂的研究。

在人类历史的大部分时间里，大多数人都生活在一个典型的男性领袖统治之下—— 一个酋长、一位国王或者一任皇帝，他的意志，无论是正义的、明智的，甚至是精神错乱的，都将决定所有其他人的命运。在早期自然主义者的心目中，社会昆虫就像是我们人类文明的缩小版，他们认为昆虫社会里辛勤的劳动者都是雄性这是理所当然的，而且统治这些工者的君主也必定是国王。

1586 年，西班牙养蜂家兼作家路易斯·孟德斯·德·托雷斯（Luis Méndez de Torres）首次推测，在蜂群中众蜂之王实际上是女王。20 年后，现代养蜂之父，英国牧师查尔斯·巴特勒发表了有关蜜蜂的开创性著作，名为《女性君主制》。简·施旺麦丹在 1670 年通过对蜂类的微观解剖研究确认蜜蜂的君王是雌性，因为蜂"王"具有卵巢，因此它必然是雌性。其他的工蜂，也被证明是雌性，这表明蜜蜂社会是由雌性主导和管理运行的，而雄性只是给女王喂食。尽管最终施旺麦丹确定了蜂"王"的性别，但是他依然坚持先前蜂后无法交配的观点。施旺麦丹坚持声称雄性通过某种精神力量使蜂后受精，他称之为"精气"，但事实上，按他的说法这样是无法交配的。瑞士博物学家弗朗索瓦·胡贝尔（François Huber，1750—1831）凭借着敏锐的观察力，在他的《蜜蜂之新观察》（*Nouvelles observations sur les abeilles*，1792）一书中对这个荒诞的谣言进行辟谣。如果我们告诉你，其实胡贝尔双眼全盲的话，你肯定更加会为他的"观察力"所折服。胡贝尔精心设计实验方案并由他的

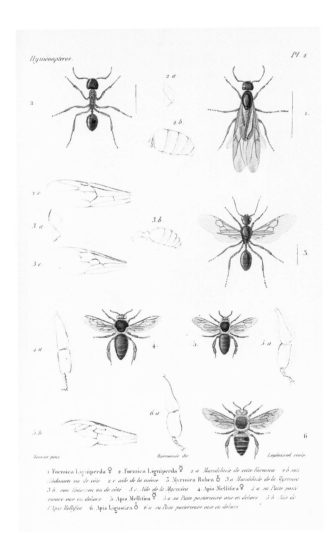

妻子玛丽-艾米·鲁琳（Marie-Aimée Lullin，1751—1822）和贴身仆人弗朗索瓦·伯恩斯（François Burnens）为他执行。胡贝尔确认，每个蜂巢只有一位蜂后进行着统治，她产下了所有的卵，并且她也确实会与雄蜂进行交配。胡贝尔的书此后将成为一代人关于蜜蜂博物学和养蜂业的标准参考书，他发明的用玻璃面板观察蜂房的方法彻底改变了养蜂业。

真社会性蜂群中的雄性被称为雄蜂，巴特勒确定了雄蜂的性别，但是他认为它们是可以与工蜂交配的。在社会性的蜂类中，蜜蜂的雄蜂是独一无二的，因为它们在交配之后便会死亡。在与蜂后交配之后分开时，雄蜂的器官和内脏会被扯掉。幸运的是，其他种类的蜂群中，雄蜂就不会遭受如此命运。在白蚁种群中，具有繁殖能力的雄性（蚁巢中仅有一只）获得了蚁王的头衔，尽管它在白蚁社会中唯一的功能是充当蚁后的配偶，并能释放一些有助于调控其他不同等级白

（上图）社会性昆虫中最具代表性的两个类群：蚂蚁（蚁科）和意大利蜜蜂，以及它们的三个社会等级，女王、不育的雌性工蜂，以及雄蜂。（该图出自勒佩莱蒂埃的《昆虫的自然史》）

蚁的信息素。值得一提的是，如果蚁后死亡了，那么蚁王便会释放信息素，诱导替代蚁后的雌性发育。其他雄性白蚁并没有那么幸运地拥有一个专门的称谓，也许因为它们在完成服侍蚁王蚁后这一职责后并不会存活太久。

昆虫的等级制度往往不止两种阶层，例如工蚁和蚁后。有的昆虫社会拥有第三种等级，即士兵，起到保护巢穴领地的作用。这一等级在蚜虫、蓟马、一些蚂蚁和白蚁中都有。兵蚁也是由雌性特化而来，像是工蚁一样，也不能生育，在解剖构造上都有专门适应防御功能的演化特征。兵蚁们演化出许

多类似于中世纪的方法来对付和打败侵略者。简而言之，有的兵蚁具有巨大的头壳和肌肉来支撑细长而发达的上颚，更有甚者，它们的防御手段更有创意。例如，象白蚁亚科（Nasutitermitinae，英文俗名为 nasute termite）的兵蚁，它们的头部演化成挤压瓶的样子，并配有一个向前的"喷嘴"，称为鼻（*nasus*，源于拉丁语，"鼻子"的意思，引申为"喷嘴"）。这类兵蚁能够从喷嘴喷洒一种气溶胶状的化学物质，作为驱避剂或粘结剂，使入侵者（通常是蚂蚁）陷入困境。兵蚁们通常高度地特化，以至于它们无法正常取食来养活自己，而是需要依靠工蚁们来供养它们。

最早演化出复杂社会结构的动物是白蚁，早在侏罗纪晚期或至少 1.45 亿年前，它们就拥有了自己的社会。那时候，剑龙、迷惑龙以及异龙还在科罗拉州和怀俄明州上散着步，翼手龙在头顶翱翔，外形类似现代鸟类的始祖鸟生活在德国。蚂蚁和蜜蜂的社会性也出现在恐龙时期，它们与恐龙们具有羽毛的后代——鸟类一起，一直生存繁衍到了现在。当我们人类这个物种在大约 30 万年前出现的时候，白蚁、蚂蚁、蜜蜂，它们的文明及城市散布全球各地，并在全球各种强度的大灾难中幸存下来。尽管它们的社会取得了如此成就，也表现出顽强的意志，但我们可以清楚地看到，它们在人类所引起的气候变化和环境破坏的影响下是多么的脆弱。例如熊蜂，对于我们来说是最重要的传粉昆虫之一，它们却正从许多曾经繁衍生息的地方渐渐消失。

昆虫建筑师

成为一个社会的前提当然是要有一个能够共同生活的建筑结构。但是并非所有的动物建筑都与社会行为有关。在昆虫世界里，最基本的建筑是简单的巢穴，母代在巢穴中抚养后代。比如，雌性的蠼螋会占据一个小的空间，无论是土壤中简单的洞穴或石头下的缝隙，只求能够在其中照顾她的孩子们。而独居性的黄蜂或者蜜蜂则会打洞，用来贮藏收获的食物或是在洞中产卵，而石蛾的幼虫则会筑巢来藏身。对于许多有院子的房主来说，独居性昆虫的保护措施看上去是那样熟悉和令人沮丧。特别是那些经历过不得不把蓑蛾科幼虫从装饰物上除去的人，这些小家伙会用植物组织和丝编织成袋囊附着在物体上。然而，真社会性昆虫的建筑还是特别壮观的，自古以来就激发了人

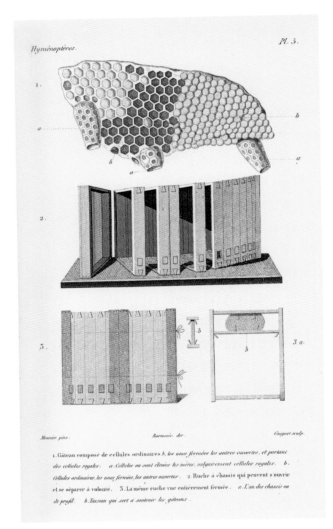

们的想象力。

最常见的真社会性昆虫的巢应该是蜜蜂那六边形的蜂巢了。有七种蜜蜂，它们都是用蜡质的六边形巢室来组成整个巢穴。蜜蜂在这些巢室里储存蜂蜜并抚育幼虫。对于大多数的蜜蜂种类来说，蜂巢是在一些洞内建造的，例如在树洞中。这些蜂巢一般都是竖直悬挂的，工蜂们在蜂巢的外表面行动，形成了不断移动的虫幕，有助于保护和调节蜂巢。蜜蜂非常善于将蜂巢保持在恒定的温度，从而确保温度条件有助于幼虫的发育以及使蜂巢存储的蜂蜜处于理想状态。蜜蜂可以通过不断收缩平时用来飞行的肌肉来温暖巢穴，与此同时还要保持翅膀处于不动的状态。这种运动会产生大量的热量，因为此时能量不会通过翅膀的飞舞而释放。在特别炎热的天气下，蜜蜂还可以通过扇动翅膀来使空气流动，从而使得蜂巢的外壳冷却下来。

尽管熊蜂的真社会形式比较原始，但它们也是真社会性昆虫。在它们的虫群中，必要的情况下工蜂是能够继任为蜂后的。熊蜂倾向于利用啮齿类动物或鸟类废弃的巢穴来筑巢，它们的巢通常隐蔽在植被之中或者覆盖其下。熊蜂通常是做一些水平排列的不规则的蜡质巢室，其中一些用于培育幼虫，其他的则是用来存储花粉。其他原始真社会性的蜂类如小芦蜂（allodapine bee），及其近缘的木蜂，它们会在中空的茎秆中筑巢。

就像它们的蜜蜂兄弟一样，蜇人的胡蜂、马蜂也会筑起精致的蜂巢，里

（上图）也许没有比蜜蜂（蜜蜂属，*Apis*）那蜡质六边形的蜂巢更具有辨识度的建筑了。人们可以轻松地操作已经驯化的意大利蜜蜂在蜂箱里筑巢，使得现代养蜂业成为一种有利润的产业。（该图出自勒佩莱蒂埃的《昆虫的自然史》）

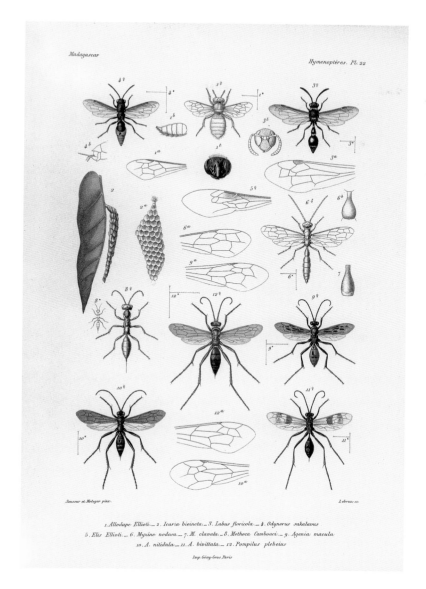

Madagascar

Hymenoptères. Pl. 22

Sausure et Metzger pinx.

L.ebrun.sc.

1.Allodape Ellioti.— 2. Icaria bicincta.— 3. Labus floricola.— 4. Odynerus sakalavus
5. Elis Ellioti.— 6. Myzine nodosa.— 7. M. clavata.— 8. Mothoca Cambouci.— 9. Agenia macula
10. A. nitidula.— 11. A. bivittata.— 12. Pompilus plebeius

Imp. Géing-Gros.Paris

（左图）亨利·德·索绪尔所绘制的来自马达加斯加的各种蜇人的蜂类（胡蜂科、钩土蜂科 Tiphiidae，以及蛛蜂科 Pompilidae）。该图出自他的《马达加斯加自然志·直翅目》，在这幅图中，他还描绘了社会性的铃腹胡蜂（Ropalidia bicincta）的蜂巢，该蜂巢附着在一片叶子背面的细细的叶柄之上。

面充满成排的蜂室。它们有的将巢穴埋在地下，而更常见的是从屋檐上悬垂下来的，或缠绕在树枝上的，或在细长茎秆上巧妙地悬挂着。有一些蜂巢是开放式的，暴露在外的巢室通常由很多雌性覆盖在上面保护着它们，另外一些则会被类似纸质的材料或较硬的泥土给牢牢包裹起来。胡蜂的蜂巢可能会非常庞大，人们曾在巴西一个山洞里发现了从洞顶垂下的，由一系列胡蜂巢

齐心协力

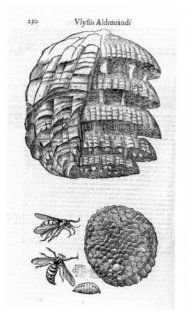
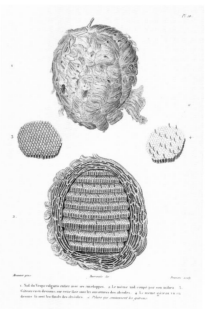

所组成的超大蜂巢，里面有数百万只胡蜂。而那些蜂巢规模比较小的物种，甚至是独居的胡蜂，也会筑造精致的蜂巢，有的巢穴以树叶为依托或将叶片直接卷曲成蜂巢本身的一部分。

蚂蚁和白蚁

如同蜜蜂一样，蚂蚁和白蚁也是大自然中杰出的建筑师，在很多方面，蚁巢的构造足以让蜂巢相形见绌。许多蜂巢因为其匀称的结构而与众不同，而蚂蚁和白蚁的蚁巢则是因为其不规则性而引人注目。大多数蚂蚁和白蚁的巢穴都建在不同的材质中，如土壤或木材中。它们通常由各个通过隧道连接的小室组成，并具有一个或多个通往外界的出口。尽管它们挖出的隧道错综复杂，四通八达，但是因为它们的巢穴通常都在地下，因此人们也注意不到。

蚂蚁在地下巢穴中挖出的土壤被它们带到地表倾倒，形成了小土堆，就像人类采矿活动中堆积的石堆。有些蚁巢挖得很深，这些蚂蚁的蚁巢可以延伸到地下3.66米或更深处。虽然它们挖掘的隧道和蚁室看上去很简单，但实

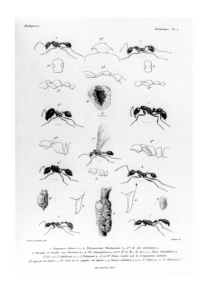

际上这些蚁巢都有着良好的规划。蚁巢最复杂的地方，在于它有着使空气循环的通风机制和将水和生活垃圾从育儿室、作为粮室或苗圃的蚁室中排出的下水道。就像蜜蜂的蜂巢一样，蚁巢内部的温度也可以非常精准地调控。由红褐林蚁（wood ant）制造的土丘是北美和欧洲森林中特别常见的景观。它们有的非常巨大，其中最大的种群有接近 40 万只工蚁，形成的小土丘超过一个普通成人的高度。构建蚁巢的核心材料是土壤，但是也有其他一些蚂蚁的蚁巢是由树枝、树木或针叶组成。这类蚂蚁会在树上用树枝、树叶或其他植物组织筑巢，把它们编织成适合居住的"城市"。

也许令人印象最深刻且易于观察的是那些大型白蚁的蚁巢，其中仅分布在旧大陆的一支系，其巨大的蚁巢甚至可以定义和改变非洲那广阔的草原景观。白蚁蚁巢的主要隧道都是在地下或者在地表，其核心是具有一个宽敞的地窖，从那里延伸出的小隧道直通土墩的侧面并向外开口。这些白蚁的地下隧道里有专门的苗圃用来种植真菌。从外面看到的土墩结构，其本身是由白蚁唾液润湿的黏土建造而成，目的是使其变得更加稳固，不易被破坏。通常，它们的土墩只有强壮有力的人挥舞沉重的镐才能弄出明显的凹痕。这些白蚁土墩是具有许多孔隙的，有一系列遍布蚁巢的烟囱，用以调节气流和控制蚁巢内部的温度与湿度。

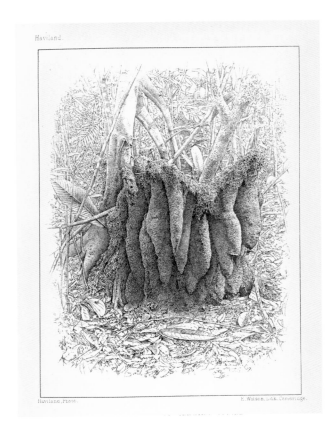

Haviland.

Haviland.Phot.   E. Wilson.Lith.Cambridge.

（上图）这是一幅精美的版画作品，上面描绘了婆罗洲扭突白蚁的蚁巢。（该图出自1898年发表在《伦敦林奈动物学报》上的一篇名为《白蚁之观察》的报告）

一些白蚁的蚁巢是土丘状的，还有的却像叶片一样延展，宽而薄。这些叶片一样的蚁巢将其宽阔的一面朝向太阳，用来捕捉寒夜之后的第一束阳光，使得整个巢穴变得温暖起来。纵观非洲大草原，人们能看到许许多多这样的蚁巢，它们成了一道独特的风景。有些白蚁巢的大小和高度让人过目难忘，大到一些大象都会在废弃的蚁巢上蹭痒。为了让大家对这些白蚁巢有更深刻的印象，我们不妨参考一下目前世界上最高的建筑，迪拜哈利法塔。这座惊人的塔楼式建筑直耸云霄，高达829.7米，有163个独立的楼层，封顶的是一个巨大的塔尖。西方男性的平均身高通常是1.75米，这意味着在我们目前的最高技术水平下，人类已经建造了473倍于自身身高的建筑结构。这与昆虫所能达到的水平相比，微不足道。在最大的白蚁物种——东非大白蚁（*Macrotermes bellicosus*）中，为筑巢而忙碌的工蚁平均长度为3.6毫米，它们的蚁巢有的则会高达27英尺（约8.2米），如此算来，这种白蚁的蚁丘是工蚁大小的2286倍。要知道，这个数值还是一个保守的最小值，因为许多工蚁体长甚至更小，而且它们的蚁丘也不存在一个没有任何使用空间的塔尖。如果今天我们人类要建造相同比例的建筑，那么该建筑物必须至少有13 147英尺高（约4007米），由不少于1314层楼组成。

寄居者与种植者

社会性昆虫的巢穴也能收容其他的昆虫，所有的这些外来昆虫都渴望着从被严密保护着的、并有着丰富资源的虫巢中获益。这些昆虫被称为寄居者

（inquiline），其中包括螨虫、蜡类和隐翅虫中特化而且极其多样化的一类。寄居者利用各种手段进入虫巢，一旦进入虫巢之中它们还要避免被识别出来。有些寄居者如寄居白蚁蚁巢中的蜡类，其背部扁平且具有纹理，模仿着白蚁蚁巢中隧道的样子，从而通过紧贴着虫道来伪装自己。而隐翅虫不仅善于从外貌上模仿他们的宿主——比如那些模仿蚂蚁的隐翅虫，有的还是出色的"化学家"，它们能够分泌出与生活在一起的蚂蚁或白蚁相同的气味。更有甚者，还会模仿宿主的行为，这样它们就能够在不拉响警报的情况下，与宿主共出入。

我们人类自诩聪明，因为我们从新石器时代就开始种植农作物、驯养牲畜，可是早在千万年前，社会性昆虫就演化出来了农业和畜牧。蚂蚁、白蚁和甲虫，各自独立演化出了农业系统，它们种植真菌并从中获得养分。与我们不同的是，这些昆虫千百万年来一直实行可持续性发展农业，而我们如今仍在努力尝试可持续性种植我们的农作物。当然，也确实有一些昆虫，它们在耕种的同时，会破坏周围的环境。

蠹虫会在活着的树木上钻蛀虫道并生活其中，它们会在虫道的内壁上接种一种真菌，而这种真菌会侵害周围的林木。当真菌生长的时候，这些昆虫以它为食。当扩散的蠹虫在钻蛀新的蛀道时，也会随身携带上这种真菌。臭名远扬的中欧山松大小蠹（Dendroctonus ponderosae），现在正在加拿大和美国西部大量破坏着松林，它们将一种蓝菌属真菌（Grosmannia clavigera）传染给松树。这种真菌不仅是中欧山松大小蠹的食物，同时还会抑制树木的自然防御力，使它们不能够分泌松脂。然后这些蠹虫的幼虫便会环绕着整棵树

阿拉伯福地的生与死

虽然卡尔·林奈的名字几乎是动物分类学的同义词，但他的贡献远远超过了他的著作。他同时是一名极具天赋的教授，任教于乌普萨拉大学，他的课程广受欢迎，此外他还组织了吸引许多人参加的植物学之旅。林奈最有出息的一些学生参加了许多探索发现之旅，把植物和其他生物标本带回乌普萨拉，让大家更全面地了解上帝宏伟的造物设计。这些具有冒险精神的学生被称为林奈的"使徒"。在 18 世纪，前往异国他乡的旅行常常充满着危险，当然并不是所有人都经受住了磨难。这群勇敢的年轻人中，有一位名叫彼得·福斯科尔（Peter Forsskål，1732—1763）的。他是一个充满自由理念的瑞典人，早年写过一篇《关于公民自由的思考》（*Tankar om borgerliga friheten*，1759）的文

（上图）这是一幅由卡斯滕·尼布尔绘制的阿拉伯福地的地图，来自彼得·福斯科尔死后才出版的作品《埃及−阿拉伯植物志》（*Flora Aegyptiaco-Arabica*）的卷首页。福斯科尔是林奈忠实的学生，他最终没能从探险中幸存下来，但是他把自己和朋友的大量手稿笔记留给卡斯滕·尼布尔，请他分为几卷出版。

章，其中包括诸如言论自由等在当时被视为异端的观念。这篇文章也是几十年后面世的美国权利法案的蓝图。

1760 年，福斯科尔被指派参加由丹麦国王弗雷德里克五世（Frederick V，1746—1766）发起的一次远征，目的地是前往阿拉伯半岛的西南部，即如今的沙特阿拉伯以南和也门。阿拉伯福地包括传说中的示巴古国，而这次探险之旅的目标之一便是取回被认为是真正存在的古代《圣经》

经文。除了福斯科尔以外，该探险队成员还有丹麦语言学家弗雷德里克·C. 冯·海文（Frederik C.von Haven，1728—1763）、德国艺术家乔治·W. 鲍恩芬德（Georg W.Bauernfeind，1728—1763）、丹麦医师克里斯蒂安·C. 克莱默（Christian C.Kramer，1732—1763）、男仆拉尔斯·柏格伦（Lars Berggren）以及卡斯滕·尼布尔（Carsten Niebuhr，1733—1815），与同胞相比，尼布尔是一位出身卑微，但是业务能力出色的德国数学家和制图师。

这只探险队于 1761 年从哥本哈根出发，先冒险前往君士坦丁堡和亚历山大港，然后前往开罗，最终于 1762 年抵达阿拉伯。一开始，他们所面对和承受的最大危险是这个多国混编队伍之间紧张的人际关系，有时气氛甚至因为怀疑对方会制造阴谋而恐怖起来。直到他们历经地方部落的劫掠和市井无赖的洗劫，加之体会了在炎热干旱的土地上旅行的艰辛，最终他们中的大多数人团结起来，成了挚友。到达开罗之后，除了冯·海文以外，所有人都适应了阿拉伯服饰和生活方式，因为他们知道，融入当地的人文环境，与东道主建立起交心的友谊，对所有人能够生存下来是至关重要的。

在整个旅程中，福斯科尔收集了各种动植物标本，记录了大量的笔记，准备返程之后与林奈

DESCRIPTIONES
ANIMALIUM
AVIUM, AMPHIBIORUM,
PISCIUM, INSECTORUM, VERMIUM;
QUÆ
IN ITINERE ORIENTALI
OBSERVAVIT
PETRUS FORSKÅL.
PROF. HAUN.

POST MORTEM AUCTORIS
EDIDIT
CARSTEN NIEBUHR.

ADJUNCTA EST
MATERIA MEDICA KAHIRINA
ATQUE
TABULA MARIS RUBRI GEOGRAPHICA.

HAUNIÆ, 1775.
EX OFFICINA MÖLLERI, AULÆ TYPOGRAPHI.

ICONES
RERUM
NATURALIUM,
QUAS
IN ITINERE ORIENTALI
DEPINGI CURAVIT
PETRUS FORSKÅL,
PROF. HAUN.

POST MORTEM AUCTORIS
AD REGIS MANDATUM
ÆRI INCISAS EDIDIT
CARSTEN NIEBUHR.

HAUNIÆ,
EX OFFICINA MÖLLERI, AULÆ TYPOGRAPHI.
MDCCLXXVI.

图为彼得·福斯科尔死后出版的关于他在埃及和阿拉伯旅行期间的发现——《动物、鸟类、两栖动物、鱼、昆虫和寄生虫的描述》（Descriptiones Animalium, Avium, Amphibiorum, Piscium, Insectorum, Vermium, 1775）的扉页。

图为福斯科尔专著的扉页，这本专著包含了福斯科尔探索埃及和阿拉伯期间发现的各种动植物的画像。

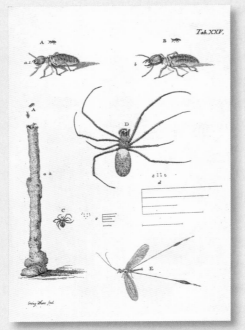

（上图）福斯科尔的作品包括世界上第一幅展现了白蚁社会等级的兵蚁和工蚁的图。这种白蚁是生活在地表或地下的散白蚁，同时，他还绘制了它们蚁巢的部分结构。在这张图里，我们还能看到他发现的其他节肢动物，例如金蛛（Argiope sector）和索旌蛉（Halter halterata）。

分享。他们也为阿拉伯和埃及地区生物群落调查奠定了大量的基础。不幸的是，这只探险队遭遇了诸多苦难。他们虽然最终于 1762 年 12 月 29 日抵达也门，但遗憾的是 5 个月后冯·海文死于疟疾。1763 年 7 月，本来前途光明的福斯凯尔也因感染这种疾病而死。尼布尔和其他人把他埋在了萨那附近一个山区的小镇边，这是他曾走过的地方。剩下的探险家们一路来到了海岸边，也相继病倒。最后，他们登上了一艘前往印度的英国船只，但在横渡印度洋时，鲍恩芬德和柏格伦也都死于这疟疾，他们的尸体被沉入海底。在孟买，克莱默也去世了，所以到 1764 年 2 月，尼布尔是探险队唯一活下来的人。

尼布尔经历了漫长的旅行才得以返回欧洲，他先乘船来到了阿曼，然后前往波斯，途中参观了古老的波斯波利斯遗址。他是最早看到这座古城的欧洲人之一，事实上，他也是最早打算详细记述其纪念碑和楔形文字的欧洲人。之后，他经过了今天的伊拉克、叙利亚和土耳其，终于在 1767 年 1 月再次抵达君士但丁堡，并于同年 11 月安全抵达哥本哈根，也是此次探险活动 6 年前开始的地方。后来，他撰写了一篇关于此次远征的报告，为了不让他的挚友福斯科尔的努力付诸东流，他还出版了福斯科尔描述埃及和阿拉伯红海周边植物的专著。

福斯科尔在书中介绍了 25 种昆虫，包括一种他命名为沙漠蟋蟀（Gryllus gregarius）的物种，这便是我们今天所说的沙漠蝗——在圣经中引起瘟疫的祸害者。他还描述并绘制了欧洲散白蚁的工蚁和兵蚁（福斯科尔称之为 Termes arda）以及一条它们建造好的虫道。该物种因为其对整个中东和欧洲的人类建筑破坏严重而臭名昭著。这些图像，也是最早的社会性白蚁的画像之一。在福斯科尔的记述里还有一种蚊子，即骚扰库蚊（Culex molestus）[如今也被称为地下家蚊亚种（Culex pipiens molestus）]。他之所以这么命名这种蚊子，是因为他本人曾不断地受其骚扰。虽然这个物种并不传播疟疾，但是一想到它的其他兄弟姐妹们是怎样毁掉了林奈的学生以及其同伴的旅程，便让人不寒而栗。

切断其内部运输水分的导管系统，最终与真菌"携手"导致寄主树木的死亡。

类似于人类的农场主一样，饲养真菌的白蚁或蚂蚁在它们巢穴深处专门的虫室里筑起了真正的花园，种植真菌的蚂蚁仅发现于新大陆，而种植真菌的白蚁仅存在于旧大陆，因此这两个类群不存在交集。种植真菌的白蚁通常在死去的植物组织或者动物粪便上耕耘它们的"作物"。这些真菌会产生根瘤，然后被白蚁们采集并吃掉。蚁后建造新的蚁巢殖民地的第一步便是要在周围的环境中找到起始的真菌样品。这一步其实也很简单，因为蘑菇会从旧的蚁丘侧面长出来，它们要做的只是收集蘑菇上的孢子即可。

但是，最熟练的昆虫种植者要数蚂蚁了。种植真菌的蚂蚁不断完善它们的园艺，并在过去至少5000万年的时间里一直从事这项活动。与白蚁不同，蚂蚁会收集树叶碎片并在上面种植真菌，而当蚁后发现新的居住地的时候，它们会搬走这些长有真菌的叶片来建造一个新的花园。像人类农民一样，昆虫也面临着气候和农业病害的挑战，后者可能是那些破坏蚂蚁花园的其他真菌或细菌。为了避免向花园里引入任何意想不到的"害虫"，蚂蚁会不断地修整并清洁花园，有的蚂蚁还会培养具有特定抗生素作用的细菌和酵母菌，起到"除草剂"的作用，以保持花园的健康。

一些其他种类的蚂蚁还演化出饲养吸食植物汁液的蚜虫或角蝉的行为，并从它们身上收集蜜露。蚜虫为了获得足够的营养而大量吸取、消耗寄主植物的组织液，而这些组织液中往往含有糖分。通过消化体内大量的液体便会产生大量的液体残渣，它们就会排泄出这些蜜液。这些蜜液很像花蜜，富含糖分，因此对于蚂蚁来说是理想的食物，所以这类蚂蚁演化为了牧场主，看着一群像奶牛一样的蚜虫。一些蚂蚁甚至会像人们挤牛奶一样"挤"蚜虫，这一过程是它们通过用触角来刺激蚜虫分泌蜜露实现的。蚜虫受到蚂蚁的保护，蚂蚁以蜜露为食，这是一种理想的共生关系。就像牧场主一样，一旦"草原"被消耗完了，蚂蚁会将它们的"牛群"带到一个更适合"放牧"的新地点。这些蚂蚁甚至还会收集蚜虫的卵，并在冬季将它们带入巢中，以保护它们免受严寒的影响。然后在春天来临之时，它们便将蚜虫的若虫带出来觅食。

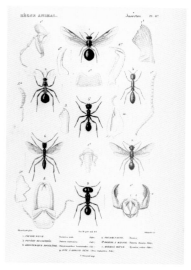

（上图）各种各样的蚂蚁（蚁科）——蚁后、工蚁以及雄性蚂蚁。蚂蚁是人们最为熟知的社会性昆虫之一，它们生活在分布世界各地高度整合的蚁巢之中。（该图出自乔治·居维叶《动物界的生物划分》）

（下页图）图中展示了小蜜蜂（Apis florea）的蜂巢，上面从左至右依次是雄蜂、蜂后和工蜂。在蜂巢上，有一只孤零零的工蜂。而在图的右下角，则是大蜜蜂（Apis dorsata）的工蜂。[该图出自查尔斯·霍恩（Charles Horne）和佛雷德里奇·史密斯（Frederick Smith）1870年发表在《伦敦动物学会会刊》（Transactions of the Zoological Society of London）上的《一些膜翅目昆虫的习性调研》（Notes on the Habits of Some Hymenopterous Insects）]

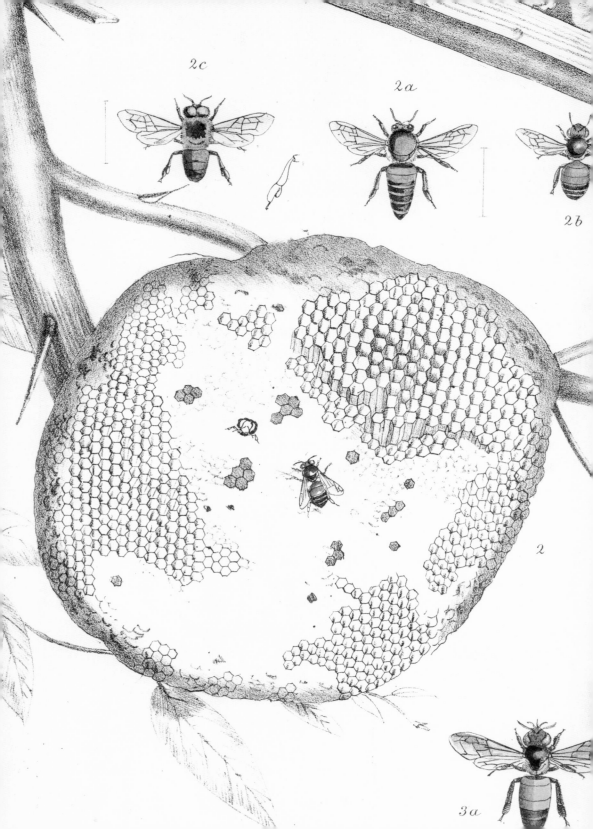

2c 2a 2b

2

3a

8

昆虫的语言

"我语言的局限限制了我对世界的认知。"

——路德维希·维特根斯坦（Ludwig Wittgenstein），
《逻辑哲学论》（*Tractatus Logico-Philosophicus*，1922）

"嗡嗡嗡。"

——蜜蜂

美国诗人 A. R. 阿门斯（A. R. Ammons，1926—2001）曾如此写道："在大自然里有两种行为是死神的馈赠：一种是运动，产生动作，另一种便是发出声音。大自然的野外是如此静止和静谧，因此这两者的产生是得冒着多大的风险啊。"但是事实上，在生命中以及野外总是充满着危险的。无论我们是否注意得到，我们周围的生物总是承担着运动和发声所带来的风险。我们被此起彼伏的交流声所围绕。诚然，有时候我们也会被阿门斯所描述的"无声"森林所震撼，但是在大多数情况下，我们的生活中充满着各种生命发出的声音，从鸟儿的歌声到蟋蟀的交响乐。大自然通常既不是静止的，也不那么安静。然而，人类世界的嘈杂使我们太多人渐渐都变得对大自然的声音充耳不闻了，以至于当我们自己置身于广阔的户外之时，我们可能都无法留意到那些发送给我们的各种声讯。对于野生动物来说，警惕捕食者的每一个动作和每一个声音都是性命攸关的，但是它们也必须冒这一切风险才能真正地繁衍兴旺起来。只有这样，包括昆虫在内的动物们才能拥有完整的生命：觅食、择偶、交配并不断繁衍生息。

我们在日常生活中不断地交流。我们与亲人、同事，有时候与自己，甚至与我们的宠物交流。而现在，您正在阅读，这也是一种无声的交流方式，用一组约定俗成的抽象而潦草的笔画，来代表原本要通过说话发出的声音。我们的其他感官也参与了交流的过程：嗅觉帮我们分辨美味的菜肴、警惕危险并加深我们的记忆；触觉同样也可以为我们提供大量的信息。我们能够收集、分享信息的自然本能及文化习惯是我们人类作为一个物种以

（下页图）蟋蟀、蝗虫以及螽斯是人们最为熟悉的昆虫"歌唱家"。图中顶端是怪异裂跗螽（*Schizodactylus monstrosus*），中间是一只蚁蟋（*Myrmecophilus acervorum*），它生活在蚂蚁的蚁巢里，表面看来更像是一只蟑螂的若虫。图中最下端是绿螽斯。（该图出自乔治·居维叶《动物界的生物划分》）

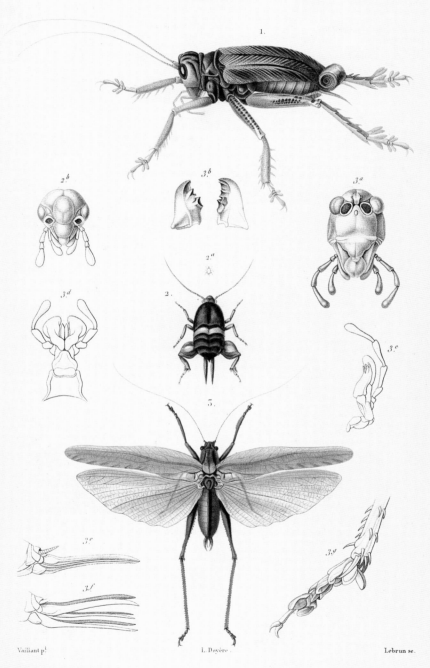

Vaillant p¹.   L. Doyère .   Lebrun se.

1. *GRILLON MONSTRUEUX*. (Gryllus monstruosus.)   2. *MYRMÉCOPHILE DES FOURMILIERES*. (Blata acervorum.)

5. *LA GRANDE SAUTERELLE* . (Locusta viridissima.)

（左图）东亚飞蝗是分布最广的一种蝗虫，它们有可能会形成每平方英里数千万个体的大规模蝗群。（该图出自约翰·柯蒂斯《不列颠昆虫志》）

（右图）图靠上是产自亚洲的怪异裂跗螽有着典型的卷曲翅尖和腿节上伸展的裂片。对于一些当地人来说，它们算是一种美味佳肴。图靠下是原产自非洲的大蟋蟀（*Brachytrupes membranaceus*），它们会以幼嫩的烟草为食。（该图出自德鲁·德鲁里的《异域昆虫图鉴》）

及产生文明的一个重要特征。

　　每种昆虫都以某种形式在进行交流，任何一个美好的夏天傍晚都能见证它们交流的繁华场面，背景乐是合唱的螽斯以及鸣叫的夏蝉、远处萤火虫忽明忽暗。这场视听盛宴远不止这些熟悉的信号，还有甲虫发出的摩擦声、蟑螂发出的嘶嘶声、襀翅目的鼓声、飞蛾爆发出的超声波以及角蝉发出的嗡嗡声，还有许多其他昆虫在翩翩起舞。实际上，昆虫通过我们可以想象的各种方式进行交流，包括直到近几十年才被发现的某些新的交流方式。昆虫最基本的信号接收系统存在于雄性与雌性、父母与后代、以及捕食者与猎物之间。同种的雄性与雌性必须在一个复杂而多变的环境里找到彼此；濒临危险时，雌性向其子女发出避险信号；无数的物种会通过明亮而独特的色彩警告潜在的攻击者它们身上是具有毒素的。无论我们是否"听"得到，实际上任何时候昆虫世界都在私底下进行着各种交流。

化学信号

　　昆虫之间最普遍的交流方式是使用化学信号。性信息素使得雌雄聚集在一起，促进了物种的繁殖。大多数的蛾子有着羽状触角，使得它们对特定的

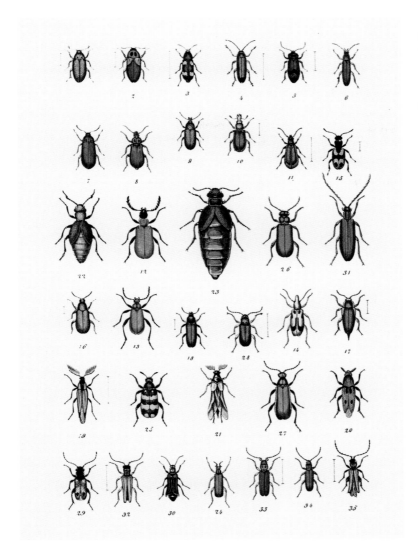

信息素非常敏感。现实中，一些雄性蛾子对雌性的化学特征敏感到能够从数英里外的信号源中接收到信号分子。它们的触角有着许多的分支，同时外形上也比较宽阔，触角上感受器甚至多达数万个，使得雄性蛾子在飞行时能够使用这些微观感受器来最大限度地感知气体在流动和循环中所携带的信息。

　　社会性昆虫会使用警戒信息素来提醒相邻个体注意危险。这种化学信息通常被用来警示巢穴有入侵者来犯，这些警报会促使大量的工蚁或工蜂从它们的巢穴中涌出，要么保卫他们的巢穴，要么及时逃离。化学信号有时可能也会发送给不同于自身种类的个体。茶翅蝽、竹节虫以及许多其他昆虫的腺体会产生令人恶心的、有时甚至是具有强烈刺激性、腐蚀性的有害液体，从而击退攻击者。芫菁，它们就具有一种化学防御手段，被称为斑蝥素。这种化学物质特别厉害，会引起皮肤的化学灼烧感。有毒的物种通常会通过某种形式的色彩来宣示自身的毒性，这种行为被称为警戒色。在芫菁的例子中，有的可能是身体黑色混搭显眼的红色、橙色或黄色的条纹或色斑，相当于"请勿触摸"的意思。而有的芫菁可能是全身黑色或蓝色，但同样能够造成令人痛苦的灼伤。

运动与发光、振动和发声

因为人类本身就是一种视觉动物，我们会被任何能吸引我们注意力的东西抓住眼球，比如某些行为表现和充满活力的色彩，哪怕这些信息并不是传达给我们的。上文所提到的芫菁的警戒色，以及那些有害或者有毒的物种——从黄蜂到黑脉金斑蝶，哪怕是这些昆虫处于静止休息状态的时候，它们都在大声地交流着。昆虫的运动同样也具有重要而丰富的意义，也许其中最常见的形式是求偶行为，这种行为贯穿了整个六足动物的所有演化分支，从跳虫到啮虫到蝴蝶等，它们都具有求偶行为。求偶的舞蹈包括精心设计和特定的动作，再加上物种本身的色彩，使得个体之间能够识别彼此是否属于同一物种，而且还能让雌性精挑细选。根据对方展示出来的活力，雌性会对潜在的配偶进行选择，正是雌虫的这种挑选，有时会导致雄性为了争夺心上人的青睐，演化出夸张的特征。即使是原始的弹尾目、石蛃和衣鱼，虽然雌雄个体不直接交配，但是雄性也会与雌性进行仪式化的"舞蹈"，最终使得雌性接受雄性的精包。这些视觉信号大多是在昆虫彼此靠近时候发出的，这是由于昆虫类群的视觉灵敏度有所不同，因此有时候还会在舞蹈中融入触觉刺激的元素。否则有的雌性可能连雄性的回旋和转身都看不见。但这并不意味着所有的视觉表达都局限于近距离观摩。

萤火虫，是一类世界广布的甲虫，也是昆虫世界里了不起的电报员，这些放光的昆虫能够在黄昏后产生特征明显的闪烁。每个物种都有自己的闪烁

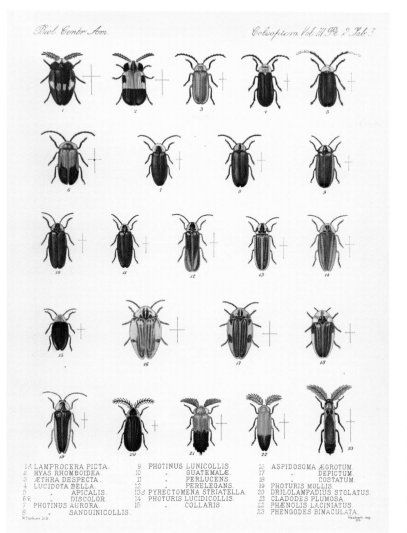

Biol. Centr. Am.   Coleoptera Vol. III. Pt. 2. Tab. 3.

1	LAMPROCERA PICTA.	9	PHOTINUS LUNICOLLIS.	16	ASPIDOSOMA ÆGROTUM.
2	HYAS RHOMBOIDEA.	10	GUATEMALÆ.	17	DEPICTUM.
3	ÆTHRA DESPECTA.	11	PERLUCENS.	18	COSTATUM.
4	LUCIDOTA BELLA.	12	PERELEGANS.	19	PHOTURIS MOLLIS.
5	APICALIS.	13♂	PYRECTOMENA STRIATELLA.	20	DRILOLAMPADIUS STOLATUS.
6♀	DISCOLOR.	14	PHOTURIS LUCIDICOLLIS.	21	CLADODES PLUMOSA.
7	PHOTINUS AURORA.	15	COLLARIS.	22	PHÆNOLIS LACINIATUS.
8	SANGUINICOLLIS.			23	PHENGODES BIMACULATA.

W. Purkiss lith.   Hanhart imp.

如左图所示，这些甲虫就是人们通常所说的萤火虫（萤科，Lampyridae），由大约 2000 种物种组成。并非所有的这类甲虫都会发光，但是对于那些发光个体来说，每个种类的闪烁模式都是独一无二的。（该图出自《中美洲生物志：昆虫纲·鞘翅目》）

模式，就像是一类发光的摩尔斯密码。这种荧光是在这类昆虫腹部特殊的发光器中产生的，是一种化学反应的结果，根据物种种类的不同，发出的光有时候表现为粉红色、黄色或更为常见的浅绿色。它们闪烁持续的时间、位置甚至是形状都是非常具体而明了的，使得合适的雄性和雌性能够准确地配对成功。

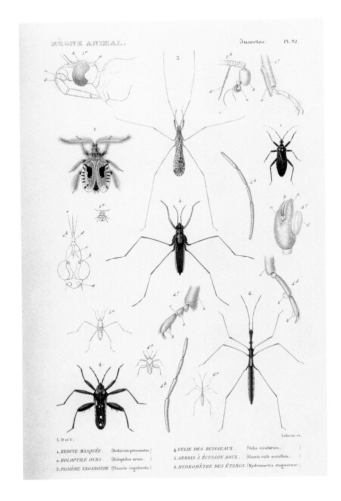

其他还有一些包括听觉和触觉交流形式。在昆虫之外，我们都熟悉蜘蛛对其蛛网的振动高度敏感，使它们能够得知是否有大餐陷入网中。在昆虫中，同样也有很多利用表面振动来交流的例子。例如刺角蝉（*Umbonia crassicornis*）的若虫会小规模聚集，而在离它们不远的地方，它们的母亲会把吸管状的口器扎入植物茎中。若某种胡蜂、苍蝇或甲虫这些捕食者靠近时，若虫们会产生振动，而这种振动便会通过植物的茎节传递。随着越来越多的若虫同时产生这种振动，使附近的亲代也感受到这种振动，便会过来施以援手，用坚韧而有力的翅膀和腿来击败入侵者。

水黾，就是那些用细长的足在平静的池塘水面上滑行的动物，它们通常捕食那些不小心落到水面上的节肢动物。其中海黾属（*Halobates*）甚至能够在开阔的海面上滑行。生活在水

（上图）蝽类也会产生各种各样的交流，例如红盾褐黾蝽（*Limnoporus rufoscutellata*，图中间那些腿长长的虫子）可以在水面上产生涟漪，作为对配偶的呼唤或趋避其他的个体。从左上方起顺时针方向依次是：熊毛猎蝽（*Holoptilus ursus*）、白蚊猎蝽（*Empicoris vagabunda*）、猎蝽（*Reduvius personatus*）、尺蝽（*Hydrometra stagnorum*）、心盾宽蝽（*Velia rivulorum*）。（该图出自居维叶《动物界的生物划分》）

面上其实面临着许多挑战，其中最重要的是要避免溺水。就像角蝉一样，水黾也会通过振动来交流。这是一种通过水波纹来传讯的方式，其频率不同，传递的意思也不同。其中最常见的是利用一种涟漪，让附近的水黾知道有同胞在此，它们彼此也会以相似的涟漪回复对方，使其离开。如果雄性水黾发出的涟漪没有收到其他水黾相似的回复，那么"他"便知道附近有一只愿意与"他"交配的雌性。然后，"他"会以另外一种不同形式的涟漪向"她"歌唱，以此作为求爱的方式。如果"她"没有被打动，那么"她"会以自己的涟漪来表达失望。如果"她"被雄性的魅力所吸引，那么"她"便会发送自己的位置给雄性，吸引"他"从水面上过来陪伴自己。

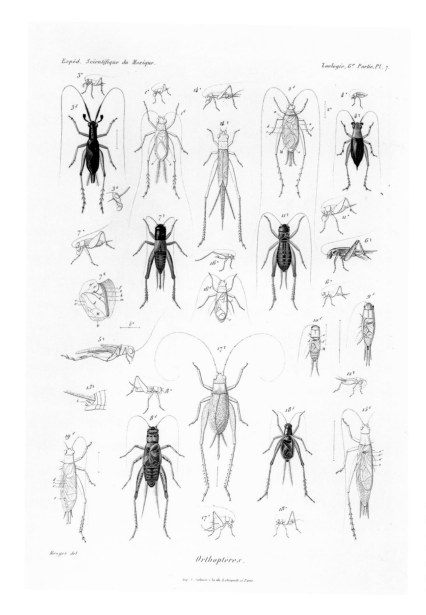

Menger del.

Orthoptères.

Imp. L. Salmon à Jacelle L. Hograde 23 Paris

（左图）夏夜里总是充满了蟋蟀（蟋蟀科，Gryllidae）的高亢歌声。例如这些中美洲、加勒比海以及美国西南部的蟋蟀。这些色彩斑斓的蟋蟀从左上角顺时针方向依次是：红头叶须蟋（*Phyllopalpus caeruleus*）、布鲁叶须蟋（*Phyllopalpus brunnerianus*）、印地短尾蟋（*Anurogryllus abortivus*）、环前蟋（*Prosthacusta circumcincta*）、断翅灶蟋（*Gryllodes sigillatus*）和托尔短尾蟋（*Anurogryllus toltecus*）。（该图出自亨利·德·索绪尔《对多足动物和昆虫的研究》）

　　通过振动交流的例子中，最为人们所熟知的要数那些"歌唱"的昆虫发出的颤音、鸣叫、咔嚓声等种种声音，正是这些旋律，使得英国诗人约翰·济慈（John Keats，1795—1821）写下了"大地的诗歌永不消亡"的诗句。昆虫的声音并不是真正"唱"出来的，它们并不会像人类歌唱家一样发出声音，

（**右图**）正如罗塞尔·冯·罗森霍夫指出的那样，蝗虫会挖掘一些浅洞，将其腹部伸入进洞中进行产卵。然后卵被泥土所覆盖，在洞中完成胚胎发育，并最终以若虫的形式出现。（该图出自罗森霍夫的《昆虫自然史》）

早在鸟类以及它们悦耳的鸣声出现之前，古老的森林里就充满了嘈杂的虫鸣声。一块来自 1.65 亿年前的螽斯化石中，就有完整的刮器和翅膀上的音锉，它们这种结构被现代的科学家们通过技术手段所重建并发出了声音，揭示了这位古代音乐家产生的纯音的呼唤。我们非常熟悉纯音，因为是它们构成了音乐。这只古老的螽斯产生的不是非音乐般的嚓嚓声或咔咔声，而是产生了音乐——一首侏罗纪时代的情歌。

LOCVSTA GERMANICA.

Tab. VIII.

Fig. 1.

Fig. 2.

Fig. 20.

Fig. 9.

Fig. 3.

Fig. 4.

Fig. 7.

Fig. 6.

Fig. 8.

Fig. 5.

A.I. Rösel fecit et excud.

相反，昆虫们更像是提琴家和鼓手，将翅膀、腿、腹部甚至上颚互相摩擦，创造出我们所熟悉的昆虫交响曲。这些声音可以是独奏，也可以是整个交响乐队的演出。直翅目昆虫例如蟋蟀、蚱蜢和螽斯，便是以它们的声音通信而闻名的，这些声音大多数都是由雄性为吸引配偶而产生的，每种都能发出传播距离很远的声音。蟋蟀和螽斯是通过摩擦翅膀上特殊的音锉来发声的，这种声音被翅脉间的膜质区所放大。相比之下，那些发出鸣声的蝗虫（并不是

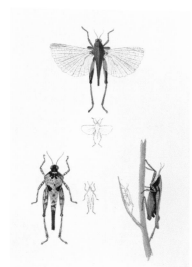

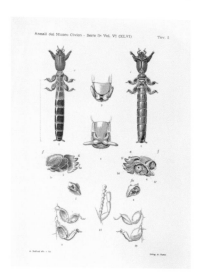

所有的蝗虫都如此），则是通过它们后足上的刮器与增厚的翅膀摩擦发出声音。它们产生的所有声音，对于每个物种来说都是独一无二的，以至于某人如果有一双训练有素的耳朵，便能够在不见面的条件下，轻易地从声音上来辨识附近可能存在哪些物种。正是因为它们的声音如此特别，专家们甚至能够在没有抓到昆虫之前，在听到它们歌声的时候便判断出周围是否存在一只新的物种。一些蝼蛄——它们的前足专门用来挖洞，有点类似于小鼹鼠的前足，为了能更好地发出声音，在它们隧道的开口处，蝼蛄建造了小型的圆形剧场。另一个与蝗虫相关类群是产自澳大利亚的完全无翅的短足蝼科（ Cylindrachetidae ）。短足蝼有着特化的上颚，上面具有刮器和音锉，它们通过摩擦这些口器发出鸣叫声。

当然，最吵闹的虫鸣要属蝉的叫声了。单从数字上来看，蝉鸣可谓震耳欲聋。蝉在树梢上的鸣叫声可以很快超过 100 分贝，相当于一些喷气式飞

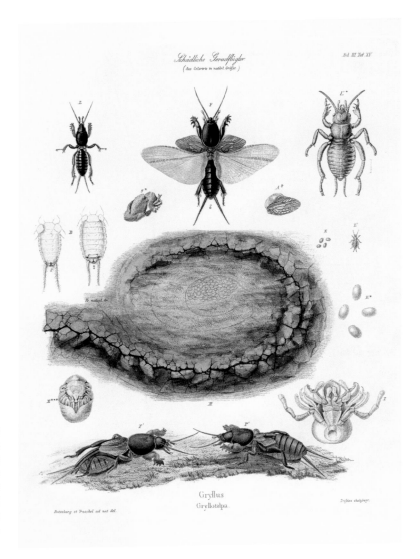

（右图）雄性的欧洲蝼蛄（*Gryllotalpa gryllotalpa*），会使用它们鼹鼠一样的前足在土里打洞，形成一个圆形的剧院结构，用来放大它们求偶的声音。（该图出自朱利叶斯·特奥多尔·克里斯蒂安·拉斯伯格的《森林昆虫学》）

机起飞时的音量。噪音超过 90 分贝会损害我们的听力，在 110 分贝的时候，我们会感到明显的疼痛。事实上，雄性的蝉能够在这样的合唱中合上自己的"耳朵"，以免损伤自己的听力。这种令人印象深刻的声音是由蝉快速振动的鼓膜板（位于腹部的两侧）产生的。与鼓膜板相邻的是用来放大声音的气囊。鼓膜板旁边还有鼓膜，它们相当于蝉的耳朵。鼓膜的运作方式很像我们人类的耳膜，使得昆虫能够听见声音。和前文的例子一样，这些蝉鸣声对于每个

缤纷的昆虫

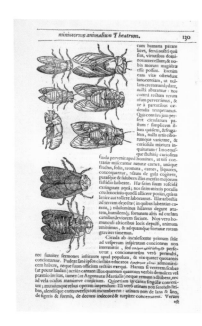

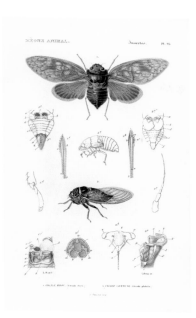

物种来说都是不同的。而并不是所有的蝉鸣都是求爱之歌，这些昆虫还会发出具有其他用途的声音，比如用尖叫声来吓跑捕食者。

虽然有的昆虫是通过鼓膜振动或者发声器官的摩擦来发声，但是有一种生物因其嘶嘶声而闻名。马达加斯加发声蟑螂（*Gromphadorhina portentosa*）是一种大型无翅蟑螂，因为常常被作为宠物和展示动物而广受欢迎。这些无害的植食性动物将空气排出腹部特殊的孔洞而产生它们标志性的嘶嘶声。当这种蟑螂受到干扰时，它们会发出嘶嘶声。在某些情况下，例如在吸引雌性的时候，或者向其他雄性竞争者示威的时候雄性也会发出嘶嘶声。

任何传播出的信号都有着被拦截的风险，某些本想保持私密的派对可能正被监听着，这种现象并不罕见。有的捕食者和寄生虫已经演化到可以监听别的物种的通信信号，使得某个物种交配的信号正变成特定捕食者的"晚餐钟声"。例如，萤火虫中，妖扫萤属（*Photuris*）的物种皆为捕食者，它们的雌性已经演化出能够发出类似于其他萤火虫的光信号，从而引诱其他物种那毫无戒心的雄性，然后将其吃掉。类似的，雄性蟋蟀求偶的鸣声会被球胸寄蝇（Ormiini tachinid fly）敏锐的耳朵窃听。这些寄蝇会聆听着蟋蟀求偶的声音，然后循声找到鸣唱者并在它身旁产幼虫（而不是产卵）。这些寄蝇的

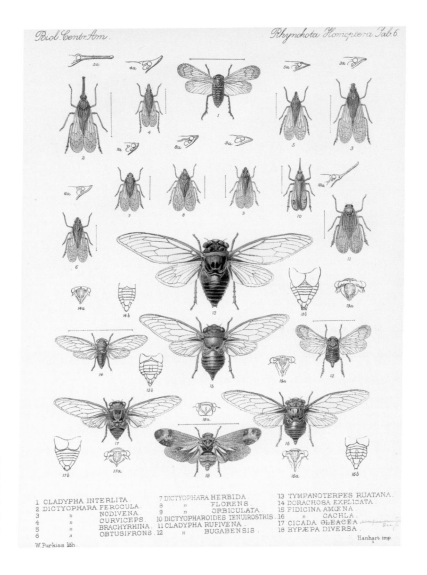

（**右图**）蝉与它们半翅目的亲
戚们：中间是大型的灌丛蝉
（*Diceroprocta ruatana*），在它
之下的是悦目多蝉（*Dorisiana
amoena*）。［该图出自《中美
洲生物志：昆虫纲·半翅目和
同翅目》］

幼虫会钻进蟋蟀的身体，在其体内汲取营养直到化蛹。

　　发出声音或发光当然会带来相当大的风险，因为鸟类和蝙蝠也会被某
些昆虫的信号所吸引。有时发出信号的昆虫并无交流之意，而动物却能辨别
出它的信号，然后做出相应的反应。蝙蝠以其回声定位而闻名，它们产生的
超声波也是声呐的一种自然形式。利用这个声呐系统，这些食虫性的蝙蝠发
展出了一套声呐图，使得它们能够定位和监听飞行中的昆虫。当然，它们

会优先取食那些不知道自己已被追踪的昆虫。巧合的是，有的昆虫类群已经进化到能够听到这些超声波，并能准确地理解这些信号预示着什么。一些蛾子、草蛉甚至螳螂都能听到超声波，当它们面对如此可怕的捕食者时，便有了反抗的机会。蛾子的耳朵位于腹部的两侧；草蛉则是位于翅膀基部；螳螂仅有的一只耳朵位于胸部中央。它们在飞行时，一旦感受到蝙蝠爆发的超声波，这些蛾子和草蛉会从空中猛然俯冲下来，采取不规则的飞行模式，使得自己的行踪更难以被追踪。而在某些种类的蛾子里，它们甚至能够明显地跟蝙蝠"顶嘴"，产生它们自己的超声波或咔嚓声。在某些物种中，这种咔嚓声代表着自身要么是有毒的，要么是一种欺骗手段。一种产自东南亚的黄腹斜纹天蛾（*Theretra nessus*），便能够通过生殖器在腹部上刮擦发出这种声音。灯蛾亚科下的一种虎蛾（*Bertholdia trigona*）能够振动鼓膜板产生超声波，类似于蝉的声音，而产生的声音信号实际上干扰了蝙蝠的声呐系统。

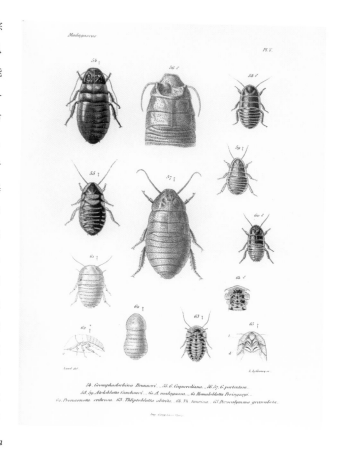

（上图）马达加斯加发声蟑螂（发声蟑螂属，*Gromphadorhina*），左侧彩色的那只和中间的那种，能够通过将气流挤压过腹部的气门产生独特的嘶嘶声。其他产自马达加斯加的蟑螂，如图中彩色的那些，右边从上到下依次是坎布异蠊（*Ateloblatta cambouini*）、马拉异蠊（*Ateloblatta malagassa*）和压蠊（*Thliptoblatta obtrita*）（从背面和腹面进行展示）。（该图出自亨利·德·索绪尔《马达加斯加自然志·直翅目》）

蜂之舞

语言，是交流的终极形式。它以结构化的形式使用任意符号来传达思想，这与其他交流形式不同。我们人类使用声音和符号，并用特定的方式组合在一起来传达思想。因此，打印在这张纸上的字符能够转变成声音，当以特定的顺序放在一起时，它们便组成了词汇，这些词汇再根据一组规则进行排列，就能表达出意思了。

1 CLANIS IMPERIALIS.
2 CHŒROCAMPA GODMANI.
3 CALLIOMMA NOMIUS.
4 AMPHONYX RIVULARIS.
5 PERIGONIA LUSCA.
6 PERIGONIA RESTITUTA.
7 CASTNIA CLITARCHA.

W.Purkiss lith.

Hanhart imp

(上图) 那些具有敏锐"耳朵"的蛾子，它们用此方法来探测迅速接近的蝙蝠所发出的超声波。这些"耳朵"在蛾类中演化了无数次，例如图中（除了最下面的蝶蛾 Athis clitarcha）的这几种天蛾（天蛾科，Sphingidae）。（该图出自《中美洲生物志：昆虫纲·鳞翅目异角亚目》）

很久之前，我们就知道蜜蜂有一种特殊的行为，那就是返回蜂巢的采蜜者会跳起舞蹈。亚里士多德在2300多年前就记录了这种行为。从古至今，作家们赋予了这种行为不同的含义，例如有人认为这反映了蜜蜂在返巢时的开心，因此跳起了舞。实际上，蜜蜂的舞蹈及其一些细微的组成部分是一组有组织的符号，也就是一种语言。通过这种语言，一只蜜蜂可以告诉其他蜜蜂一些特定资源如花粉或花蜜的方向、距离和质量，有时甚至是潜在的适合建立新巢的地方。这一非凡的事实是由德国昆虫行为学家卡尔·冯·弗里希（Karl von Frisch，1886—1982）经过一系列复杂的实验所发现的。这一发现意义重大，使得

（上图）与黄腹斜纹天蛾同属的另一种斜纹天蛾（Theretra clotho，图右上方）虽然不能探测超声波，但是它自己却能产生超声波。其他的蛾子顺时针方向依次是：阿目天蛾（Agnosia orneus）、芒果天蛾（Amplypterus panopus）、银斑天蛾（Hayesiana triopus）和棱透翅蛾（Lenyra ashtaroth）。（该图出自约翰·韦斯特伍德的《馆藏东洋区昆虫》）

冯·弗里希于1973年获得了诺贝尔生理学或医学奖，他与奥地利动物学家康拉德·洛伦兹（Konrad Lorenz，1903—1989）以及荷兰生物学家尼古拉斯·庭伯根（Nikolaas Tinbergen，1907—1988）共享了这一奖项，以表彰他们"在研究动物个体和群体行为的构成与产生方面做出的重大贡献"。而冯·弗里希也是唯一一位获得过诺贝尔奖的昆虫学家。

简单来说，一只采满花粉的工蜂会通过一系列称为"摇摆舞"的动作向它的同伴倾诉。蜜蜂以"8"字形在蜂巢中跳舞，在"8"字中间的地方摆动腹部，然后再次回转，每个周期左右交替运动。蜜蜂不会在回转的过程中摇摆，而只会在舞步的中间部分摇摆。此外，它在舞蹈的摇摆方向上也非常明确，正是这个摇摆方向，指向了资源的方向。蜂巢外的世界对于蜜蜂来说是一个水平方向的景观，蜜蜂们在一个垂直的表面上舞蹈，意味着它们需要一个抽象的参照点，以便在蜂巢外能够转换和参考应用。这个参照点就是太阳，蜜蜂直接指向上方的摇摆运动意味着方向是朝向太阳的。从正上方往左或

Trans.Zool.Soc.Vol.7.Pl.22

C.Hormzdel.E.Smith lith.

Indian Hymenoptera.

W.West imp.

（上图）蜂巢除了是蜜蜂栖息的场所，同时也是展示它们独特交流系统的舞池。产自东南亚的小蜜蜂和大蜜蜂的蜂巢是露天筑造的，悬挂在树枝之上。工蜂在蜂巢的表面舞蹈，以便告诉它们的巢友去哪里能找到资源。图中还描绘了大型木蜂（*Xylocopa chloroptera*，图右上）以及竹子中它那分节的巢室。（该图出自霍恩和史密斯发表于《伦敦动物学会会刊》上的文章）

往右的任何偏移都等同于表示在蜂巢外相对于太阳的偏移量。摇摆舞蹈的距离与蜂巢外资源的距离相关，而舞蹈的活力则反映了食物的相对品质。所有的这些都发生在一个黑暗而拥挤的蜂巢里，因此，蜜蜂们都被召集到舞蹈者的附近。它们的触角放在靠近它的地方，而江氏器这个感器能够探测到舞蹈者振动的频率以及其身体相对于重力的方向。总的来说，这些不同的元素提供了足够精确的信息，使得这些被召集的工蜂能够判断这些食物是否值得去探访，如果去的话，它们可以沿着相对于太阳的正确方向离开蜂巢，飞出必要的距离去寻找这

（上图）一个标志性的意大利蜜蜂蜂箱或蜂篮。（该图出自墨菲特的《昆虫剧场》的卷首页）

些资源。其中，也可能有气味的暗示，例如被访花朵的气味，能够在这些新手到达正确位置时进一步帮助它们定位。其实，它们的语言远比上述的更加多样和微妙。例如，如果一个资源足够接近蜂巢，蜜蜂就不会跳"8"字舞，而改跳一个圆形的舞蹈。

就像人类的各种语言一样，蜜蜂也有方言。在相距较远的种群中，我们能观察知晓一些细微的变化，例如摇摆舞的持续时间和次数对应了不同的距离。因此，来自某个地方的外来者听到了其他蜂巢舞者的舞蹈，可能会到达错误的位置，要么飞得太远，要么就飞得不够远。它们虽然懂得这门语言，但是不太明白确切的意思。所有的七种蜜蜂皆是如此，每种蜜蜂都有着自己摇摆舞的变化形式。

语言学家和符号学家一直都在争论着是什么构成了语言，这是一个易于理解但是难以定义的概念。为了达到这种高标准的交流形式，又要满足哪些条件呢？伟大的瑞士语言学家、符号学家费迪南德·德·索绪尔认为，语言

需要满足两个条件，能指（"声音—图像"）和所指（"概念"），而蜜蜂满足了以上这些条件。（值得一提的是，索绪尔的父亲是著名的昆虫分类学家亨利·德·索绪尔，因其关于全球直翅目和膜翅目的研究专著而闻名于世。人们难免会联想，他父亲所研究的许多蟋蟀和螽斯的鸣叫声是否激发了小索绪尔在语言学上的研究）。符号和其相关概念通过语法排列形成了语言。蜜蜂有"语法概念"吗？有的，因为舞蹈是以有组织和有条理的方式进行，并按顺序传达了特定的含义。例如，蜜蜂在返回循环的过程中不会发生摇摆，而如果摇摆不当则会导致混淆，就像以随机顺序来书写此段落的词语会丧失其所表达的意思一样。诺姆·乔姆斯基（Noam Chomsky，1928— ）是现代语言学家中的泰斗，他曾指出语言是一组有限长度的句子，并由一组有限的元素构成，它们传达的思想可以有限也可以无限。我们的语言被认为是开放式的，因为我们的创造力使我们能够产生看似无限种的表达方式。而据我们所知，蜜蜂在传达信息方面的能力是相当有限的，因此它们的语言是封闭式的。蜜蜂不关心花草树木的美好或温暖阳光所带来的舒适感，也不会争论智人的尖叫声是否构成了一种语言（至少我们自己知道）。其他的思想流派认为，真正的语言不是天生的，即它不像是大多数昆虫的交流方式一样是通过基因传递的本能。但是当今生物语言学家发现，我们自己的语言基础能力已经根深蒂固，并且可以遗传。因此，我们的语言和蜜蜂的语言似乎是一类，仅存在复杂程度和表达范围的区别。对于蜜蜂来说，它们的舞蹈包罗万象。

关于语言的含义究竟有多狭义或多广义的争论将在几代语言学家和哲学家中持续，但是不管人们如何区分它，要知道一种抽象的语言首先在昆虫中演化出来。蜜蜂已经使用这种语言长达 3500 万年了，尽管表达的含义范围有限，但是这可能是动物中最了不起的交流方式之一。

雌性的智慧与勤奋

　　直到 17 世纪初，亚里士多德的思想仍然是人们关于博物学信息的主要来源之一。在亚里士多德生活的那个年代，养蜂业就已经有着古老的历史了，当这位希腊学者写到蜂巢的统领是位"国王"的时候，他也只是在遵循惯例。在他的著作《动物志》中，亚里士多德轻描淡写地提到了这个观念，却在后来的自然主义者心目中神圣化了。然而此后，一位不同凡响的英国牧师兼养蜂人的工作将会颠覆这种公认的观点，并正确地揭示了蜂巢其实是一个女性君主制的社会。查尔斯·巴特勒于 1560 年出生在白金汉郡的一个贫困家庭，但他卑微的出身并没有使他退缩。在十几岁的时候，他被牛津的抹大拉会堂收留，一边工作一边得以支撑他的研究，可能也会教授他自己的课程。经过十多年的努力，巴特勒于 1587 年完成艺术学位的学习。毕业后，他在抹大拉会堂担任牧师直到 1593 年，成为汉普郡的教区牧师。

　　除了他的牧师之职，巴特勒还是逻辑学家、语法学家、语音学家、音乐家，而其中最著名的是他养蜂人的身份。经过几次搬家，他在 1600 年定居于伍顿圣劳伦斯的村庄，成为那儿的教区牧师直到 1647 年去世。1609年，巴特勒出版了《女性君主制》，这是第一本关于养蜂的英文综合性专著。这本书具有相当大的实用价值，其中包括介绍如何捕获大量的蜂群、建立蜂箱以及管理防治各种天敌。此外，他还谈到了蜜蜂对花园和水果授粉的重要性，甚至还介绍了如何利用蜜蜂的嗡嗡声来预测它们将何时出动或群聚。作为一名音乐家，他受到了蜂巢中蜜蜂发出声音的启发，创作了一个由四部分组成的名为《梅利斯索洛斯》的牧

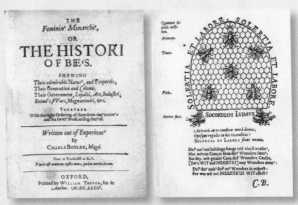

（左图）查尔斯·巴特勒 1634 年出版的《女性君主制》的扉页，其中他使用了自己作为语法学家和语音学家所发明的音标。

（右图）《女性君主制》的插画页，描绘了极具风格化的蜂巢。巴特勒最早认为并传播了蜂巢的统治者其实是一位女王这一正确的观念。在这幅画中，描绘了一只蜂后趴在蜂巢的顶端，并被工蜂和雄蜂所簇拥着。

巴特勒深受他所喜爱和研究的蜜蜂触动，以至于他受到蜂巢中发出声音的启示而创作了一组牧歌。这首牧歌名为《梅利斯索洛斯》（见下页），曾在汉普郡的伍顿·圣劳伦斯那个他任职过的教堂中奏响，那里还有纪念巴特勒在教区所做贡献的彩绘玻璃窗（上图）。这已是《女性君主制》出版 350 年后的事情了。（部分乐谱颠倒了，因此，面对面的两位或四位歌唱家能够在唱歌的时候分享同一份乐谱。）

歌，这是他对蜜蜂发声音调的音译。

巴特勒证实了工蜂是从腹部下方——也就是我们今天所谓的蜡镜（wax mirror），这个特化的腺体结构分泌蜂蜡的，而不是从周围环境的神秘来源中收集的。最重要的是，巴特勒普及了一个看似异端的概念，即蜂巢的"国王"实际上是位女王，雄蜂是种群里的雄性，他所称赞的那些以机智和勤劳著称的工蜂（他书的卷首插图是一副风格化的蜂巢，上面写着 solertia et labore 的座右铭）其实都是雌性。他自己虽然没有特别强有力的证据来证明这些，但直到世纪末，简·施旺麦丹解剖蜂后之后发现了其体内的卵巢证实了他的猜想。与巴特勒相比，不为人知的是西班牙人路易斯·门德斯·德·托雷斯也曾在 1586 年提出过这种想法，但是巴特勒那受欢迎的著作则更广泛地传播了雌性统领蜂巢的思想。

巴特勒的《女性君主制》为他奠定了"英国养蜂之父"的声誉。也许最令人着迷的是他 1634 年出版的作品。巴特勒以一名语音学家和语法学家的身份推动了英语的全面改革，并于 1633 年发表了《英语语法》（The English Grammar），其中他发明了一种全新的音标字母表。第二年出版的《女性君主制》的修订版中，便加入了巴特勒新的音标系统。为了纪念 1953 年伊丽莎白二世的加冕，人们在伍顿·圣劳伦斯教堂里安装了一扇新的彩绘玻璃窗，玻璃窗的背面描绘的是巴特勒手持《女性君主制》一书，一个六边形的蜂巢如光环一样环绕着他的头和肩膀。上面蜜蜂的排列方式和书正面的插图一样。唱诗班在窗前的献词仪式上演唱了《梅利斯索洛斯》，真是恰到好处。巴特勒最终也获得了一个新的头衔——英格兰养蜂业的守护神。

（下页图）竹节虫（Bacteria virgea）的细节图，出自约翰·韦斯特伍德《馆藏东洋区昆虫》。

9

藏在眼皮底下

"你得帮我假扮起来，好让我达到我的目的。"

—— 威廉·莎士比亚（William Shakespeare），
《第十二夜》第一幕，场景二（*Twelfth Night*，Act 1，Scene 2，约 1601）

无论作为一种防卫手段，还是一种悄然接近猎物的方法，对于动物们来说，在不被察觉的情况下展开行动都对它们极为有利。一个隐蔽的个体想要避免被发现，绝非仅仅是躲藏那么简单。一个真正披上"隐身斗篷"的生物并不会局限于待在一个地方，也不会局限于待在那些隐蔽的缝隙或隐居场所来躲避其他动物们的虎视眈眈。相反，通过伪装、模仿或者拟态，这些生物可以自由地生活，而这往往就在别人的眼皮底下，却又完全从他人眼中消失。在任何形式的伪装中，某种生物会呈现出某种模型的外观行为，声音或气味，而这些模型通常是植物或者动物，有时候也是无机物，例如石头或土壤。即便最简单的隐藏形式也是相当复杂的，这种伪装的演化，需要模仿者在行为学和解剖学上的演化，以及生理学和生物化学上的演变，而后两者的变化则不如前两者那么显而易见。如果生物成功获得了伪装自己的能力，那么这将是它们生存的重要财富，在这方面，昆虫是做得最好的。

所有形式的伪装与欺骗都涉及多方参与者以完成表演。最重要的是那些躲起来的拟态生物，通常被称为模仿者，那些它试图去模仿的物种或物体，被称为模型。模仿的目的是通过特定的外观，使模仿者可以避免被受蒙蔽的掠食者所发现，或者将其本身与其他物体混淆起来。在昆虫学中，伪装包括了多种多样的演化策略，但是最常见的还是利用颜色、材料、解剖结构或行为进行伪装。这一类伪装通常被昆虫学家们称为保护色伪装（crypsis），简单来说就是这些昆虫在特定环境背景下很难被发现。

（下页图）产自印度尼西亚的一种斑翅巨人神竹节虫（*Phasma gigas*），体长能长到 23 厘米。虽然这尺寸令人印象深刻，但是也不及产自中国南部的中华竹节虫（*Phryganistria chinensis*）所保持的最长纪录。这种竹节虫可以长达 61 厘米。（该图出自乔治·居维叶《动物界的生物划分》）

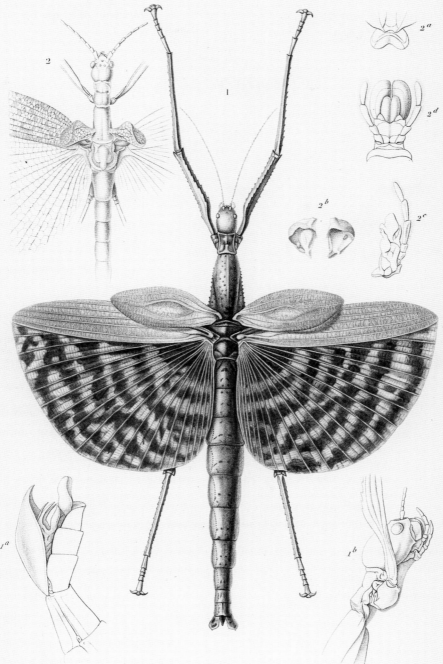

2ᵃ

2ᵈ

2

1

2ᵇ

2ᶜ

1ᵃ

1ᵇ

F. Doyère pinx.   L. Doyère   Lebrun sc.

1. LE PHASME GÉANT.   2. LE PHASME PHTYSIQUE.

(Phasma Gigas.)   (Phasma phtysicum.)

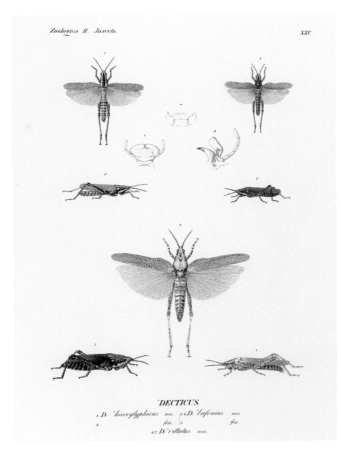

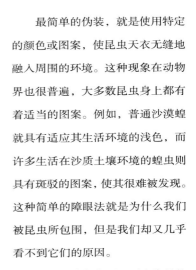

伪　装

最简单的伪装，就是使用特定的颜色或图案，使昆虫天衣无缝地融入周围的环境。这种现象在动物界也很普遍，大多数昆虫身上都有着适当的图案。例如，普通沙漠蝗就具有适应其生活环境的浅色，而许多生活在沙质土壤环境的蝗虫则具有斑驳的图案，使其很难被发现。这种简单的障眼法就是为什么我们被昆虫所包围，但是我们却又几乎看不到它们的原因。

一种更为复杂而且不太常见的伪装形式，是利用环境中可用的材料来伪装自己。会这么做的昆虫一般自身并没有伪装效果，如果失去伪装的材料，它们会非常地显眼。这种伪装不像建造巢穴一样，筑巢可以根据所用的材料和本身的形状

（上图）图中展示的是产自非洲的一种蝗虫 Poekilocerus bufonius。这种蝗虫具有几个不同的亚种。它们的颜色和身上具有的各种斑点使得它们在岩石或沙漠背景下很难被发现。[该图出自克里斯蒂安·戈特弗里德·爱伦伯格（Christian Gottfried Ehrenberg）的《物理符号》(*Symbolae Physicae*, 1828—1845)]

很好地融入环境中。不同的是，这类昆虫通过直接将外来物覆盖身体来完成伪装。这是一个非常复杂的壮举，对于昆虫来说，最能展现这种伪装现象的例子是蝽类、啮虫和草蛉。猎蝽的若虫会直接把植物材料附着在它们身体的腺毛上，而那些出现在我们家中的若虫甚至会收集灰尘或家居碎屑作为它们伪装的一部分。啮虫也会类似地利用丝把一些碎屑甚至是它们自己的粪便黏附在自己的腺毛上。

也许其中最引人注目的是绿草蛉的幼虫。草蛉的幼虫是一类以小型节肢动物——如蚜虫或介壳虫等为食的贪婪捕食者，这也使得它们成为特别管用的针对害虫的生防天敌。大多数草蛉的幼虫侧面和背面都有着特化的刚毛或瘤突，用来固定覆盖它们的物体。不同的物种会使用不同的材料，但是很多

（左图）绿草蛉的幼虫因为其能够用各种碎片伪装自己而知名，它们用的材料从植物材料到猎物尸体不等。这种伪装使草蛉幼虫能够避免被它们的捕食者发现，还能更容易地接近它们自己的猎物。图中展示的是绿草蛉的不同发育阶段，从左上角顺时针方向依次是：附有草蛉卵的树叶、草蛉卵以及卵柄、一只没有伪装的幼虫、背部覆盖有植物残渣伪装的幼虫，以及一只草蛉成虫。（该图出自朱利叶斯·拉斯伯格《森林昆虫学》）

是使用植物碎屑来包裹自己。草蛉的幼虫还会收集猎物的碎屑，然后逐个把它们背在背上，像个包裹一样，直到它的身体看来像完全隐藏起来，最多也仅仅露出个头部。这种伪装不仅仅是草蛉自我保护的一种形式，对于某些物种来说，这种伪装还使它们在靠近猎物时更具优势。一些草蛉的幼虫甚至会利用猎物中空的外骨骼作为覆盖自己的材料，从而在伪装的过程中还能沾染这些猎物的气味。幼虫打扮成"披着羊皮的狼"，能够在不被发现的情况下接近它潜在的猎物，而对于那些倒霉的蚜虫或介壳虫来说，等它们察觉的时候已经为时已晚。昆虫似乎是最早出现这种复杂伪装形式的动物，因为人们已经在距今 1.25 亿年前的化石上，发现这种背上背着伪装的草蛉幼虫。

模　仿

在简单的伪装上进一步发展，便有了模仿。模仿是指昆虫的形态演化到完全类似于被模仿者形态的一种特殊形式，通常被模仿者是植物或其他物体。

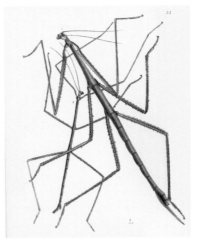

Mantis siccifolia.

（左图）竹节虫，图中展示的竹节虫堪称伪装的典范。尽管我们对它们属名 *Bacteria* 的另一个意思（英语中指细菌的意思）更为熟悉，但是在希腊语中，*baktria* 却指的是棒、杆的意思，并且最早被用来作为竹节虫目中一个属的学名。（该图出自韦斯特伍德的《馆藏东洋区昆虫》）

（右图）图中展示的是产自亚洲南部以及澳大利亚的竹节虫。令人惊叹的是，它们在细长树枝状祖先的基础上进一步特化成叶片状。它们进食的时候通常也是在树叶间保持静止。图的左上角，是一种小型竹节虫多氏叶䗛（*Phyllium donovani*）的雄性若虫，而右上方和右下方分别是东方叶䗛的雄性若虫和雌性成虫。（该图出自爱德华·多诺万的《印度昆虫自然史》）

由于它们的身体是具有伪装效果的，因此它们也不必再从周围环境中寻找保护材料来隐藏自己。我们都容易被这类昆虫所迷惑，如模仿树枝的竹节虫和毛毛虫，躲在树叶间的叶䗛，或者那些在荆棘中的角蝉，即使人们严密地筛查，有时也难以找到他们。

最早的拟态生物被发现存在于 1.5 亿年前，足以证明了这种生命形式的久远。它们也必须做正确的决定，才能这么长久地生存下来。昆虫模仿大师要数竹节虫中的杆䗛和叶䗛了。这类昆虫全力以赴地模仿着，并且这种模仿贯穿了其整个生活史。大多数的竹节虫，如它们名字那样，模仿树枝或某些竹子的竹节，它们具有细长的体型和类似模仿物的体色。它们的足尤为细长，也像树枝一样，它们更多的是让自己趴在植物上，将足向后舒展开来，而不是用足站在植物上。还有一类体型更宽的竹节虫会模仿树叶，它们在树叶间停息或者悬挂着，完全消失在"其他"树叶之间。有些物种在生命的不同阶段会改变颜色，使它们能在每个阶段都能更好地融入当时寄主植物的颜色，甚至还会模仿树叶褪色或死亡枯萎的颜色。

有些其他竹节虫则完美地模仿了某些苔藓，斑驳得如地衣一般，这一切都取决于它们特殊的栖息地。白天，这些昆虫很少活动，常常一动不动。而几乎所有的竹节虫都会表现出某种神秘的行为，它们会轻轻地左右晃动身体，试图模仿微风吹动真正树枝的样子，从而加强它们的伪装。如果它们受到惊吓或被发现，大多数竹节虫都会立刻假死、身体变得僵硬起来，掉到地面某

处，并一动不动地躺在那儿，常常
与森林地面上的其他植物残渣混
为一体。如果这样仍不能逃避捕食
者，所有的竹节虫还能从胸部前方
那令人厌恶的防御腺中分泌有毒
的化学物质，作为最后的杀手锏，
这种化学物质通常非常有效。异形
属（*Anisomorpha*）中某些种类竹
节虫，如果成功将化学物质喷射到
天敌眼睛中的话，可能会导致敌人
失明。少数种类的竹节虫压根就没
有保护色，但是它们却有着鲜艳的
色彩和图案。这些昆虫不需要隐藏
自己，因为它们拥有着特别强大的
化学防御力，并选择通过它们的体
色来宣传这一事实作为警告。因
此，如果你能很轻易地看到一只竹
节虫，那么最好不要打扰它。

　　似乎它们对这套色彩上的伪
装、行为和形态模仿并不满足，杆

（上图）产自北美的普通竹节
虫（*Diapheromera femorata*）。
左边是雄性，右边是雌性，将
它们画在树枝上，以凸显其与
周围环境的相似性。（该图出
自托马斯·塞伊的《美国昆虫
学》）

䗛和叶䗛甚至将模仿现象涵盖到了它们的卵。杆䗛和叶䗛的卵类似于特定植
物的种子，而不是昆虫中最常见的米黄色、卵圆形或球形的卵。这些卵的拟
态形式非常引人瞩目，它们是如此特殊，使得人们通常仅仅通过卵的形态便
能识别出成虫的种类。一些雌性成虫会从它们身体末端短短的产卵器产下一
粒一粒的卵，将后代散布在地面的落叶中，还有一些种类的竹节虫可能会将
卵黏在树叶或树枝上。产自北美西部的矮竹节虫属（*Timema*）的种类，雌
虫甚至会摄取土壤，而后在产卵时将其覆盖在卵上。在某些独特的竹节虫中
[如麦克雷的幽灵竹节虫（*Extatosoma tiaratum*），这是一种产自澳大利亚的
大型竹节虫，其体长达到 20.3 厘米]，体重甚至能超过一只小仓鼠，身体表
面通常具有许多的刺突），卵的端部通常呈球状，称为头状突。雌虫会将卵

撒到森林的地面上，在那里细臭蚁属（*Leptomyrmex*）的蚂蚁会收集它们的卵，并带回巢中。蚂蚁会取食卵的头状突而不会伤害剩下的部分，通过这种方式，卵就可以在蚁巢中得到保护，而蚂蚁也得到了营养，形成一种神奇的共生关系。这些卵孵化后，初孵若虫的形态和颜色通常会类似于这些蚂蚁。这些若虫完全没有竹节虫的特征，甚至有着完全不同于其余生的生活方式，它们敏捷而行动迅速，在被蚂蚁揭发之前会迅速离开蚁巢并爬上周围的树上，在它们下一次蜕皮之后便像是竹节虫了。

竹节虫在伪装方面做到了极致，许多其他昆虫中，也存在着模仿现象。角蝉（见对页）有着各种各样的形态，给人们留下的印象大多是它们只在植物体表多刺的地方安静地吸取着汁液。同时，螳螂存在着模仿花朵的形式，它们在花上耐心地等待着它们的猎物，捕食那些没有注意到它们的访花者。其中最著名的一种螳螂是兰花螳螂（*Hymenopus coronatus*）。这种螳螂产自东南亚的热带雨林，其腿上有平坦的延伸物，类似于花瓣，并且身体总体上呈粉红色和白色，与该地区的几种兰花颜色相似。螳螂外形与兰花是如此惊人的相似，使得它们在兰花上几乎没时间休息，猎物蜂拥而至。那些兰花的访花者误把螳螂当作花朵，并慢慢接近了它，等到靠得足够近的时候，后悔也没有用了。

蝴蝶、蛾子和螽斯中许多物种也模仿着叶子的形态，通常它们的前翅会变宽，类似于特定叶子的形状，颜色从绿色到棕色不等，因此它们可能看上去像是嫩叶或者枯叶，这些都取决于它们的栖息地环境。另外一些物种则可能有着混合的颜色，整体呈现绿色，末端附近有些褐色的斑点，如同那些开

（上图）捕食者也可以利用拟态，就像它们的猎物那样。作为善于伏击的捕食者，螳螂使用多种形式的伪装和拟态来悄悄接近猎物。从上到下依次是：羽角锥头螳（*Empusa pennicornis*）、印琴锥螳（*Gongylus gongylodes*）以及普通竹节虫，不同于前面的螳螂，这只竹节虫并不是捕食者。（该图出自德鲁·德鲁里的《异域昆虫图鉴》）

始枯萎的叶子一样。在一些螽斯中，其翅膀中轴具有一条强烈的折线，类似于叶子的中脉，它们通过这种方法以增强该模仿形式。还有一些螽斯，它们翅膀顶端边缘甚至可能是扇形的，看上去就像是某些食草动物刚从叶子上咬了一口！

尽管大多数的螽斯会模仿树叶或其他植物，但是有些种类演化出了不同的方式，能够模仿其他的动物，尤其是那些大多数肉食动物会选择规避的模型。例如，蛛蜂是一类体型大而健壮的蜂类，在各种蜂类中，它们的钉刺疼痛感最强烈，因此让其他动物恐惧。许多蛛蜂的体色总体上呈黑色，有着对比明显的橙色翅膀，触角有时也呈橙色。这种颜色图案是一种警告色（aposematism）。这是一种很容易理解的标志，向其他动物警示着这种蜂可是不好惹的。也许不足为奇的是，一些别的类群也演化出类似的色彩图案，希望将相同的警告信号传达给那些觊觎它们的捕食者。因此，有一些大型的螽斯与那些大型蛛蜂有着类似的体型，具有黑色的身体和橙色的翅膀。更有甚者，它们的触角前半部分也呈现类似的橙色，就像蛛蜂一样。乍一看，它们肯定非常像是静止的蛛蜂。虽然这类螽斯对那些它们取食的植物以外的其他生物没有任何实质性威胁，但这些蜂确实无疑是有毒的。因此，在某种程度上，这些螽斯还是可以避免受到一些捕食者的伤害，如果这些捕食者曾经与蛛蜂有过不愉快的相处经历之后，就会学会避免接触这类有特定色彩模式的昆虫了。

上述这种伪装被认为是彻头彻尾的模仿，也是一种被称为"贝氏拟态"（Batesian mimicry）的生活策略。贝氏拟态以英国博物学家亨利·沃尔特·贝茨（Henry Walter Bates，1825—1892）的名字命名，基于他在巴西居留 11 年

（上图）角蝉（角蝉科，Membracidae）身上那形状各异的角突，取决于它们所生活和躲避的植物类型。这幅图中展示的是中美洲各种角蝉。（该图出自《中美洲生物志：昆虫纲，半翅目和同翅目》）

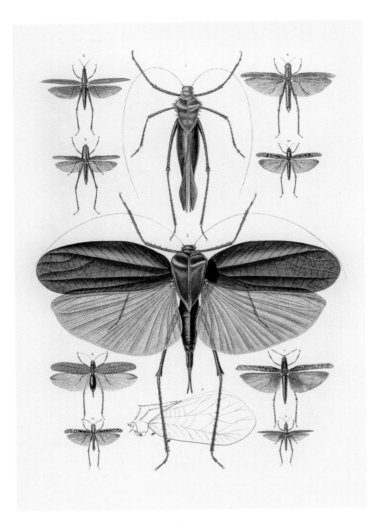

里观察到蝴蝶间的模拟关系，并成为首位描述这种现象的人。在贝氏拟态中，模型生物（被模仿者）对于捕食者来说是不可食用的，要么是有毒，要么是具有攻击性防御能力，就像上文提到的蛛蜂一样。模型生物通过使用警戒色来宣扬其具有危险性，通常这些警戒色是明亮或独特的图案，对于捕食者来说，它们对这些颜色和图案是印象深刻的，从而会主动避免取食带有这种颜色或图案的个体。而拟态者，对于捕食者来说是可以食用的，并没有毒素和防御手段。它们通过模仿这些不可食用的模型的色彩或斑纹，来欺骗捕食者，使捕食者无法将拟态者和有毒的原型区分开。这一类拟态的组合可能非常多，

（上图）螽斯通常有着大大的像树叶一样的翅膀。例如图中间产自新几内亚的大型螽斯 *Siliquofera grandis*。（该图出自儒勒–塞巴斯蒂安–塞萨尔·迪蒙·迪维尔的《在护卫舰星盘号和热心号上的南极洲和大洋洲之旅》）

许多物种都会模拟同一种色斑模式，并广泛地从中受益，获得保护。透翅蛾有时会演化出类似于会蜇人的社会性蜂类的色型，而天蛾幼虫的颜色则是完美模仿了小型蛇类的头部，该幼虫的身体一端膨阔，就像是毒蛇的头部。黑色斑块边缘还有白色的点缀，就像是黑色眼睛所反射的光泽一样。再加上它们突然向前窜动的行为，使得整个模仿过程非常完美，足以说服鸟类避开这种"危险的"毒蛇。

然而，有时候拟态者和模型都有着自己的化学防御系统，这两种防御系统导致其对于捕食者来说都是不可食用的。虽然它们都有着自己的防御手段，

但是它们在警戒色上互相模仿。这种模仿的形式不同于贝氏拟态，被称为穆氏拟态（Müllerian），同样也是以其发现者——德国生物学家约翰·F. T. 弗里茨·穆勒（Johann F. T. Fritz Müller，1821—1897）的名字命名的。他和贝茨一样，在巴西生活和并从事自然观察很多年。在这种拟态组合中，捕食者只需要学习认识一种常见的警告色，而不是许多种。穆勒通过细致地研究袖蝶属（*Heliconius*）的蝴蝶证明了这一点。在演化生物学家中，袖蝶的名声很高，其他拥有穆氏拟态现象的物种还有人们所熟悉的黑脉金斑蝶（*Danaus plexippus*，又称君主斑蝶）以及黑条拟斑蛱蝶（*Limenitis archippus*，又名总督蝶）。就像穆勒的袖蝶一样，这

两种蝴蝶有着近乎相同的警戒色，捕食它们的鸟类都学会了避免食用这两种有毒的蝴蝶。长期以来，昆虫学家错误地认为黑条拟斑蛱蝶对于鸟类来说无毒无害。实际中，它们还一起被误认为是贝茨拟态的教材，直到最近才发现后者其实对于鸟类来说也是不可食用的，因此这两种蝴蝶代表的是一种穆氏拟态的例子。事实上，黑条拟斑蛱蝶并没有欺骗潜在的捕食者，而是在合法地宣称自己真的并不适合食用。

（上图）夜蛾科（Noctuidae）的蛾子，展示了同属的和不同属的物种都具有类似的颜色和图案。从顶部起顺时针方向依次是韦氏斑虎蛾（*Episteme westwoodi*）、蔚逐虎蛾（*Exsula victrix*）、五斑逐虎蛾（*Exsula dentatrix*）、爱豪虎蛾（*Scrobigera amatrix*）和贝拉斑虎蛾（*Episteme bellatrix*）。（该图出自韦斯特伍德《馆藏东洋区昆虫》）

练习欺骗

亨利·沃尔特·贝茨的肖像。拍摄于约 1880 年

亨利·沃尔特·贝茨于 1825 年出生于英国的莱斯特，早年接受过来自中产阶级背景的普通教育。他 13 岁时成了一家袜子生产商的学徒。而在业余时间，他探索森林，采集昆虫。贝茨最终遇到了自然爱好者阿尔弗雷德·拉塞尔·华莱士（Alfred Russel Wallace，1823—1913），华莱士当时在附近的莱斯特学院任教，两人一起采集和思考问题。他们两人都梦想着成为探险家，在阅读了威廉·H. 爱德华兹（William H.Edwards）的《亚马孙河游记》（A Voyage up the River Amazon）之后，激发了他俩的探险欲。

为了解释生物多样性，两人设计了一个探索亚马孙的计划，其中包括运回和拍卖标本以支撑他们的工作。他们甚至还从博物馆和赞助商那里收到了特别的愿望清单。1848 年 4 月，他们一起从英国启航，在 6 月前抵达了巴西南部的港口。他们一开始打算一起采集，但后来却各自去往不同的地方，力求采集范围覆盖不同的地域。1852 年，华莱士启程返航，但是船却着火了，他那无价的藏品也都丢失了。他与船上其他人在一条小船上漂流了 10 天才获救。华莱士并没有因此被吓倒，在 1854 年，他又启程前往马来群岛，直到 1862 年才返回英国。在太平洋和印度洋间的这些岛屿上，关于物种起源的问题，他得出了与达尔文相同的结论。华莱士就他的想法写信给达尔文，在达尔文开拓性的著作问世之前，两人合著了有关演化论的第一篇论文。

与此同时，贝茨在巴西取得了比他同胞更大的成功，他运回了一箱箱标本，有大约 1.5 万个物种，其中一半以上都是科学上的新发现。贝茨继续在巴西采集和观察自然，直到 11 年后，当他的健康状况不佳时才回到故土。他在伦敦度过余生，最后在 1892 年离世。

贝茨将他在雨林中的生活写成了一本书，名为《亚马孙河上的博物学家》（The Naturalist on the River Amazons），这本书是在达尔文的鼓励下完成，并且在 1863 年此书出版时达尔文也给予了高度的赞誉。贝茨是达尔文演化论的有力支持者，他对于热带物种的丰富理解为他提供了验证演化论真实性的经验证据。最重要的是，自然选择的演化机制完美地解释了他在巴西发现的一个现象。贝茨观察到了不同的蝴蝶物种有着几乎相同的色彩斑纹，有时它们是如此的相似，以至于即使仔细观察，人们也可能被它们所愚弄。他发现有的物种借此向捕食者宣称自己是有毒性的，来作为一种防御手段。他假设那些缺少防御手段的物种因为与它们有着外表的相似性，也能保证自己的安全，于是他意识到，随着时间的推移，不同颜色的幸存者在自然选择的作用下，产生了拟态现象。这些拟态者对于饥饿的鸟儿来说完全是可口的，但是为了防止被捕食以及被昆虫学家轻易地区分而伪装成五颜六色！今天，这种拟态现象被称为贝氏拟态。

　　贝茨于 1861 年发表了他的蝴蝶拟态假说，如今，这种假的警戒色作为反捕食机制在整个动物界都屡见不鲜。昆虫是如此古老，如此多样，且在演化史上获得了如此卓越的成功；无怪乎，哪怕它们演化是为了实施欺骗，也往往能向我们透露出演化的基本原理。

（**上图**）在他探索亚马孙地区的过程中，亨利·贝茨在同一个区域里发现了不同的蝴蝶有着趋同的色彩模式，他也探索着这种模式是如何演变的。例如图的左下角靠上的一对是袖粉蝶（*Dismorphia amphione*）和最下面的一对是圣歌女神裙绡蝶（*Mechanitis polymnia*）。而右边中间的一对是怀粉蝶（*Patia orise*），右边最下的一对是透翅绡蝶（*Methona confusa*）。[该图出自贝茨的发表在 1862 年的《林奈学会会刊》上的论文《亚马孙昆虫志》（*Contributions to an Insect Fauna of the Amazon Valley*）]

（**下页图**）各种兰花蜜蜂的细节图。（该图出自朱尔斯·罗斯柴尔德所编的《馆藏昆虫画：昆虫自然史》）

10

花满天下的奥秘

"造一片草原要一株三叶草和一只蜜蜂，

一株三叶草，一只蜂，再加一个梦。"

——艾米莉·狄金森，

《诗歌全集》

但凡踏足任何一片繁茂的草地，你总会发现蝴蝶在飞来飞去，蜜蜂也在嗡嗡作响。在生物圈，也许没有别的动物比昆虫与植物关系更为密切和更著名的了。早在有花植物出现以前，昆虫历经千百万年的时间来完善它们取食植物的方式——从取食根部到嫩芽，从种子到叶子。同时，植物也在不断演化出阻止这些植食性昆虫取食的机制，例如产生有毒的化学物质、分泌黏性的树脂、产生更坚硬或更粗糙的组织、甚至是拟态。面对以上种种对策，昆虫也在不断见招拆招。昆虫中各种各样专化的口器形式反映出了这种演化的过程。大约在 1.4 亿年前，第一朵花出现了，尽管他们真正的繁荣要等到 5000 万年之后，最终有花植物无处不在。有花植物在生态上的崛起，一部分是受昆虫与它们之间的关系所推动，而许多昆虫类群的成功繁衍，也归功于这些开花的寄主植物。

花朵有着各种形状、颜色和大小。它们点缀了我们星球上的沙漠、草原、森林甚至是苔原。我们种植有花植物，把它们当作食物、药物、用来做衣服以及娱乐大众。园艺学会比比皆是，几乎能够满足爱好者对于所有花卉品种的需求，从玫瑰、紫罗兰到牡丹和海棠。对于所有这些品种来说，它们给我们带来了快乐、利润和营养，基于以上种种，我们应该对那些朴素的传粉行为道一声感谢。传粉是一个将植物雄株上包裹雄配子的花粉颗粒转移到花的柱头（雌性生殖器官）上的过程。有的植物依靠风力和重力来传粉，然而许多有花植物会利用动物作为载体，将花粉从一株植物传递给另一株。从动物的角度来看，这种传播行为通常是在不经意间完成的。例如，一只昆虫可能会拜访一种植物，当它在花朵中探索的时候，花粉便

（下页图）令人惊叹的绿鸟翼凤蝶，它的学名是卡尔·林奈以希腊神话中特洛伊之战的特洛伊国王普里阿摩斯（Priam）的名字命名的。它们的翅展能达到 21.8 厘米，也是整个巴布亚和澳大利亚东北部最令人印象深刻的传粉者。（该图出自爱德华·多诺万《印度昆虫自然史》）

Ornithoptera Priamus.

ANTHIDIUM

1. A. aculeatum. mas.   5. A. helvolum. fem.   10. A. alternans. mas.
2. subspinosum. fem.   6. echinatum. mas.   11. pubeticellum. fem.
3. melanurum. fem.   7. thoracicum. fem.   12. posticum. fem.
4. terpfellatum. mas.   8. cinctum. fem.   13. xanthopygum. mas.
                        9. auritum. mas.

（上图）重要的传粉昆虫——切叶蜂（切叶蜂科，Megachilidae）。由于它们常从植物的叶子上切取半圆形的小片带进蜂巢而得名。

黏附在它身上。然后，当这只昆虫到达下一株植物时，一些被携带过来的花粉就会恰巧转移到它的目的地。尽管部分有花植物能够自己授粉，在同一棵植株上拥有雌雄两个部分，但他们仍然可能会依靠动物将花粉转移到柱头上。

传粉动物对于整个地球生态系统究竟有多么的重要呢？在大约 30 万种有花植物中，有大约 90% 是依靠动物传粉。在 20 万种传粉动物中，约有 1000 种是鸟类、蝙蝠和其他哺乳动物，其余 19.9 万种都是传粉昆虫。在我们最重要的粮食作物中，有 75% 的物种完全依赖于传粉作用，因此传粉者相当于与全球 35% 的粮食产量息息相关——人们每吃三口饭，就有一口与这些传粉者相关。人们常常引用阿尔伯特·爱因斯坦（Albert Einstein，1879—1955）的一句预言（实际上是虚构的）——蜜蜂灭绝后，人类也只有 4 年的存活期。虽然爱因斯坦可能从没有说过类似的话，但是这种悲观的想法却是很有意义的。实际上，此类说辞起源于莫里斯·梅特林克（Maurice Maeterlinck，1862—1949），他是一位著名的比利时剧作家，也是一名富有争议的"昆虫学家"，在 1926 年，他某种程度上剽窃了一本有关白蚁的著作，因此声名狼藉。不过，梅特林克也确实写过几篇以昆虫为主题的哲学作品。其中一篇名为《蜜蜂的生活》（La Vie des Abeilles），强调了蜜蜂在生态上的重要性。在文中他称赞道："我们能够拥有的大部分的鲜花和水果，可能都要归功于那些值得尊敬的蜜蜂祖先（实际上据估计，如果没有蜜蜂访花，超过

10 万种植物就会消失），而且，人类文明可能也要归功于它，因为在这些神秘的动物身上，万物都因它们交织在一起。"这样的说法并不夸张，如果没有传粉者，我们的世界的确会枯萎和死亡。

花蜜、芬芳和温暖

昆虫也并不是完全利他的，尽管这些植物的成功繁衍意味着这些昆虫能够持续获取资源，从而使它们自身和寄主植物的生存得以延续，但它们并不是为了植物的繁衍去传粉。昆虫访花主要是为了获得食物——花蜜，一种由花朵分泌的糖水，其作用也是吸引潜在的传粉者。我们人类也食用花蜜，但是是通过它的另一种形式——蜂蜜。蜜蜂从花中收集花粉和花蜜，将其与自身的酶类混合，待水分蒸发浓缩后，转变成我们所喜爱的蜂蜜，这也支撑了一个价值数十亿美元的全球化产业。据联合国粮食及农业组织报告称，仅 2013 年美国就进口了价值约 5 亿美元的蜂蜜，而这仅仅得利于一种昆虫的产物而已。根据美国农业部的数据，如果我们从更广泛的角度来考虑蜜蜂授粉的影响力，例如将传粉蜜蜂与我们大量的蔬菜、水果饮食需求关联起来，仅仅这一个物种就为美国经济贡献了 150 亿美元，而我们还没有统计其他的传粉昆虫，如蝴蝶、蛾子、蝇类、甲虫、黄蜂甚至是那些小得人们几乎注意不到的蓟马。如果昆虫真的从世界上消失的话，那么几乎所有的传粉过程都将停止，我们的世界也将枯萎。当你质疑昆虫是否对我们的健康和安全起着至关重要的作用时，请想一想这一点。

（下图）大多数的蜜蜂都是传粉者，例如图中上部和中部描绘的这类大型木蜂（木蜂属，*Xylocopa*），以及数以百计的青蜂，图下部所示是带斑绒蜂（*Epeolus variegatus*），它们会入侵传粉蜜蜂的蜂巢，并在其中产卵。（该图出自圣法尔戈伯爵，阿梅代·路易·米歇尔·勒佩莱蒂埃《昆虫自然史》）

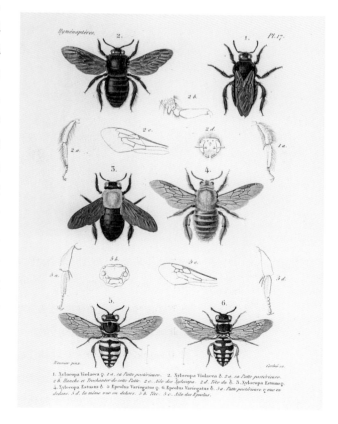

（右图）许多蜜蜂是采蜜的多面手，它们可以访各种不同种类的花，来收集花粉和花蜜，而其他有些种类的蜜蜂则是专门访特定属、种的花朵。图中最上端的木蜂就是多面手，而中间的兰花蜂则只访兰花，来收集其芳香化合物，用来吸引异性。图中最下端的木蜂，在前足和中足上有特化的梳状结构，可以从它们访花的宿主植物上刮取植物油，然后将其与花粉混合来喂养幼虫。（该图出自罗斯柴尔德的《博物馆昆虫学图册》）

Xylocopa morio.

Chrysanthedo frontalis.

Euglossa Romandi.

Centris deundans.

HYMÉNOPTÈRES. — Pl. VII

花蜜并不是昆虫访花的唯一理由，一些昆虫会采集花油和香料，另一些昆虫则会取食花粉本身。兰花和兰花上的蜜蜂向我们展示了一种非常有趣的昆虫与花的互作关系。兰花蜂（orchid bee）大家族大约有 250 个物种，它们相当强壮且闪耀着金属光泽，通常分布在热带美洲和中美洲。兰花蜂的雄性会访兰花（并没有花蜜）来收集这种花分泌的芳香化合物。雄蜂在完成收集

缤纷的昆虫

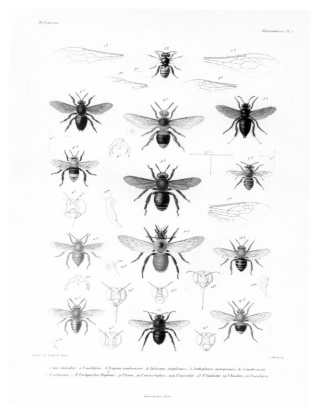

任务时，兰花也悄悄地将花粉袋"放"在它背上；当雄性兰花蜂从一株兰花飞往另一株时，花粉也被传播到了其他花朵上。雄性兰花蜂将芳香化合物存入后足上一个特化的腺体中，然后将其合成一种性信息素来吸引雌性。就这样，兰花得以完成授粉，雄蜂得以获得芳心。

在更遥远的北方，一些北极花会在短暂而凉爽的夏季中，依靠吸收的阳光来温暖它们的组织器官，它们的传粉者包括食蚜蝇、舞虻、甚至是蚊子（是的，蚊子也可以是传粉昆虫）。除传粉外也可以在花中取暖。花可以作为一个夜间栖息的安全场所，有许多昆虫在花瓣的褶皱间隙安然入眠。因此，花对于昆虫所带来的益处，也是多方面的。

我们最为熟悉的传粉昆虫包括蜜蜂、蝴蝶以及蛾子。这三者中，蝴蝶或许是长久以来最吸引人的。它们体型较大，翅膀斑斓，在花间翩翩起舞，也使得它们成为博物学家们的最爱。所以说，那些在寄主植物上展翅的蝴蝶占据了许多历史著作的页面真的一点都不奇怪，比如它们出现在爱德华·多诺万以及其他许多博物学家的匠心巨制中。然而在蜜蜂中，我们往往忽视了这些杰出的传粉者中的大多数种类。虽然我们常常歌颂蜜蜂和熊蜂，但是实际

（左图）传粉蝴蝶通常以其艳丽的颜色而闻名于世，但是如果看到它们的侧面或底面，会发现其与翅膀的颜色大不相同。在这幅图里，红翅尖粉蝶（*Appias nero*）就很好地传达了这一观念，它们的翅膀腹面看上去是亮黄色的，而从背面看则是橙红色的。（该图出自爱德华·多诺万的《印度昆虫自然史》）

（右图）蜜蜂是杰出的传粉昆虫，全世界共发现了约2万余种蜜蜂，这幅图展示的马达加斯加蜜蜂的多样性。（该图出自亨利·德·索绪尔的《马达加斯加自然志》）

足不出户的昆虫学家

（上图）一度受到威胁的天堂凤蝶（*Papilio ulysses*）如今由于保护机构的努力而在澳大利亚北部和东南亚诸岛繁衍生息。它那大大的翅膀翅展可达 10.4 厘米，当它停息的时候翅膀合拢，展现出来的是棕色，而它翅膀背面则是鲜艳的蓝色。（该图出自多诺万《印度昆虫自然史》）

爱德华·多诺万是 18 世纪足不出户的昆虫学家中的一个代表，除了游览威尔士或英国的乡村外，其余时间他几乎都是舒舒服服地待在位于伦敦的家中。1768 年，多诺万出生于爱尔兰，并逐渐成了一位永不满足的收藏家，他不断在拍卖会上收购从海外带回来的标本。终于，他建立了馆藏丰富的私人博物馆，并于 1807 年将其作为伦敦博物馆和博物学研究所对公众开放。多诺万渴望与大家分享他对博物学，特别是有关海外物种的知识，他出版并绘制了各种各样有关植物、鸟类、鱼类的书籍，其中最有名的是关于昆虫的。多诺万与当时许多学术组织都有着密切的联系，而这些学会也为他提供便利，使他能够得到更多的材料，如图书馆中各种涉猎广泛的参考文献。约瑟夫·班克斯爵士曾一度支持他的工作。作为著名的探险家、植物学家，班克斯爵士还是许多博物学家近半个世纪的资助者。多诺万出版了三本有关昆虫的经典之作：《中国昆虫自然史》《印度昆虫自然史》和《新荷兰（澳大利亚）昆虫自然史》[*Natural History of the Insects of New Holland (Australia)*]。

然而，和许多沉迷于此的人一样，多诺万最终陷入了困境。他想要购买的标本价格越来越昂贵，他与出版商也发生了争执，认为这些出版商待他不公——多诺万将书籍一半的版权转让给了出版商，但是他们赚取的份额远远超过了这一比例。再加上由于当时政府卷入与拿破仑的战争，而导致社会经济萧条，1817 年多诺万不得不关闭他的博物馆。令人心碎的是，在 1818 年，他被迫在拍卖会上出售他所珍藏的收藏品。曾经拍卖场的买家，此时却成了卖家，真是令

大型的乌桕大蚕蛾（*Attacus atlas*），是所有鳞翅目中（包括蝴蝶和蛾子）最大的一种。其翅展超过 25 厘米，在马来群岛和东南亚热带雨林里比较常见。（该图出自多诺万《中国昆虫自然史》）

梦幻般的帛斑蝶，最初由林奈描述命名。这些大型的传粉昆虫非常吸引眼球，它们那黑白交错的翅膀翅展可达 13.3 厘米）。（该图出自多诺万《印度昆虫自然史》）

人唏嘘。1833 年，他写信给读者们，请求他们能够帮助他起诉出版商，但是最终也没有人来帮他。即使身无分文，多诺万仍然坚持出版书籍，终于在 1837 年，他在负债累累中离世，他的家庭也一贫如洗。约翰·韦斯特伍德在多诺万去世后，帮他继续修订有关中国和印度昆虫的书籍。由于使用了较厚的涂层，蛋白釉，以及金属颜料，新制作出来的图版比多诺万的原版更活灵活现。这些书卷是那时候关于蝴蝶、飞蛾和其他海外昆虫最美丽、最具艺术性的作品之一。可悲的是，如今当多诺万的书出现在拍卖会上时，这些书往往价值数千美元，甚至是他单幅的画作也能卖到这个价格，然而当时他的作品却不足以让他维持生计，也不能照顾到他家人的需求，更别提延续他对昆虫的热情了。

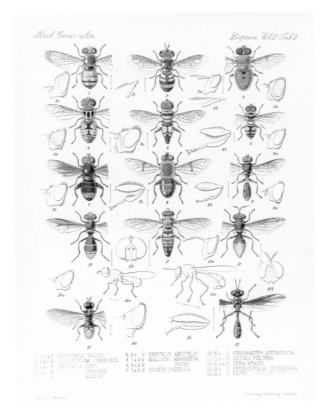

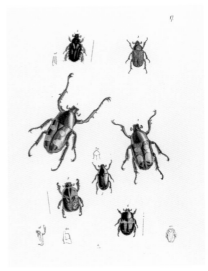

（左图）尽管蜜蜂和蝴蝶博得了人们几乎所有的关注，但其实双翅目的蝇类中也包含一些至关重要的传粉昆虫，例如图中所示的各种各样的食蚜蝇。[该图出自《中美洲生物志：昆虫纲》（*Biologia Centrali-Americana. Insecta. Diptera.*, 1886—1903）]

（右图）甲虫也是杰出的传粉昆虫，例如图中这些色彩斑斓的金龟子（金龟科 Scarabaeidae）。（该图出自约翰·韦斯特伍德的《馆藏东洋区昆虫》）

上它们只占全世界 2 万多种蜂类中的一小部分，其他大部分的蜂都是独居的。这些蜂类包括条蜂（digger bee）、集蜂（sweat bee）、木蜂（carpenter bee）、夜行蜂（nocturnal bee）以及其他无数没能拥有俗名的蜂类。仅在北美地区，就有将近 4400 种蜂类，其中最常见的蜜蜂只有一种，而且还不是本土蜜蜂。1622 年，英国殖民者把蜜蜂带到了其新占领的弗吉尼亚殖民地。在成千上万的北美本土传粉蜂类和外来的蜂类中，一些物种甚至比普通蜜蜂传粉效率更高，因为它们与本土植物有着协同演化关系。例如独居性的兰花蜂和切叶蜂，可以使得植物产量显著提高，整个相关的产业体系也是集中建立于这些物种身上。

　　虽然蝴蝶和蜜蜂对于花的受精起着至关重要的作用，但在苍蝇、甲虫和蓟马中也存在着重要的传粉者。对于某些花卉来说，这些不同的昆虫都是极为重要的。事实上，作为重要的传粉昆虫，蝇类的地位可能仅次于蜜蜂，而且出人意料的是，世界上最大的花是由蝇类和甲虫传粉的，而不是依靠蝴蝶或蜜蜂。这两种最大的花原产于苏门答腊岛，它们在开花的时候会散发腐肉的味道，人们称其为大王花（*Rafflesia arnoldii*）。这种花直径可达 1 米，重量近 11.34 千克。而另外一种则是泰坦魔芋（*Amorphophallus titanum*），这种花具有一个棒状成簇的花序，可高达 3 米，在第一次开花之前，要累积生长 10 年之久。这些花的恶臭，吸引蝇类和甲虫成为它们的主要传粉者。

有时，植物也比昆虫更精明。产生花蜜和其他奖励昆虫的方法对于植物来说是一种代价，因为这类活动需要水和糖分，否则它们可以以此制造更多的种子。许多植物已经演化出精明的方法来解决这个问题。有些兰花的花朵表面上具有看上去像是雌蜂或黄蜂的图案，并产生类似于雌性的化学气味。例如，兰花中蜂兰属（*Chiloglottis*）产生的信息素类似于一类蜇人的钩土蜂科的气味。雄性的钩土蜂接近那些花朵形状酷似雌蜂的兰花，并尝试与之交配。当雄蜂落在兰花上时，会触发兰花将一包花粉粘在雄蜂的背部或头部，然后当雄蜂试图去与下一朵类似的花交配时，花粉也就被下一朵兰花所收集。这样，当雄性钩土蜂被愚弄时，兰花也悄悄地授粉成功了。

物种的特化

有些昆虫是广性的授粉者，它们在寻找花蜜和花粉的时候，会拜访各种各样的花卉品种，蜜蜂就是这样无差别访花的重要例子。另一些蜂类则专门以某一特定属、甚至是特定科的物种为食。而更为特化的是那些只能通过访问单一植物物种才能生存的昆虫，通常这些植物也同样依赖于这种昆虫来维持自己的生存。花与昆虫之间的特化行为非常有趣。一个著名的例子是关于

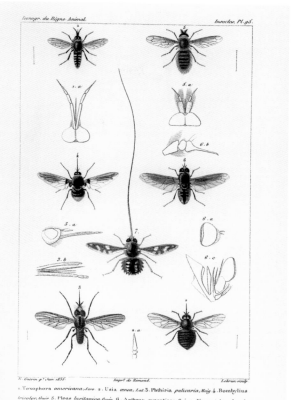

（上图）蝇类中有着一些长相奇特的专性传粉者，例如图中央的网翅虻（*Moegistorhynchus longirostris*）。这种网翅虻长长的喙相对于其体型而言，是昆虫中最长的。在南非西部，这种网翅虻是一种重要的传粉昆虫，它与那些长管状的花一起协同进化。（该图出自菲尼克斯·爱德华·盖兰-梅内维的《乔治·居维叶的动物界图册》）

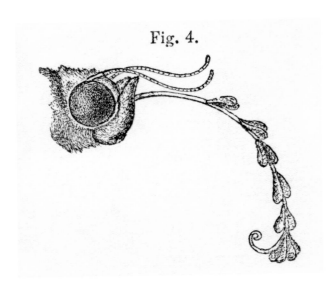

Fig. 4.

马岛长喙天蛾（*Xanthopan morganii*）和分布在非洲东部以及马达加斯加的一种名为大彗星风兰（*Angraecum sesquipedale*）的。查尔斯·达尔文也曾花了许多时间研究昆虫的授粉行为，并在 1862 年出版了《兰花经由昆虫授粉的各种手段》一书。他从一位园艺家那里收到了大彗星风兰的花，他惊讶地注意到，这种花具有特化的蜜腺（分泌花蜜的腺体），长达 30 厘米。达尔文的结论是，一定有一种特化的蛾子，它的喙非常细长，能够伸入蜜腺里。

（上图）图中展示的是旋花夜蛾（*Tyta luctuosa*）的头，以及沾满倒距兰（*Anacamptis pyramidalis*）花粉的喙。［该图出自查尔斯·达尔文的《兰花经由昆虫授粉的各种手段》（*The Various Contrivances by Which Orchids Are Fertilised by Insects*，1862）］

达尔文合作伙伴之一是阿尔弗雷德·拉塞尔·华莱士，他也致力于探索进化过程的机制，他后来在 1867 年写到，马岛长喙天蛾有着细长的口器，可能是这些兰花的访花者，从而验证了达尔文的预测，即马达加斯加确实有着一种蛾子，能够以它们的方式深入兰花的蜜腺。实际上，这种形式的蛾子在 1903 年才被发现，被描述为马岛长喙天蛾的一个亚种——预测天蛾（*Xanthopean morganii*），从而证实了达尔文和华莱士在大约 40 年前提出的假设。

　　传粉昆虫和宿主花朵之间的特化关系远比仅仅拥有相应的细长口器和蜜腺更为复杂和极端。一些昆虫和它们宿主花朵之间存在着协同演化，两者之间是如此地特化以至于当一方分化出新物种时，另一方也会如此。教科书中列举涉及协同演化的传粉昆虫就是榕小蜂和丝兰蛾，以及对应的植物分别是榕树和丝兰。无花果（榕果）是动物们重要的食物来源，在某些森林中，无花果可占相关动物（包括鸟类、猴子、甚至是人类）日常饮食比例的 70%。未成熟的无花果果实有一个小的开口，就像一个隧道，使交配过的雌性榕小蜂（通常只有针头大小）能够爬行通过。无花果中空间狭窄，雌性榕小蜂体型细长，通常头部也更加扁平而细长。尽管它的身体极为适应狭窄的空间，但是在尝试进入无花果时，通常会从侧面撕裂翅膀。钻进无花果中之后，它便产卵，同时也带来了从雌虫出生的那株无花果中所携带的花粉。无花果的花很小，排列在未成熟的果实内部，被困在果中的雌性最终会死亡，它的后

代则孵化成幼虫，由后来已经成熟了
的无花果果实提供安全的生长环境和
营养物质。化蛹后，雄性榕小蜂中很
多是幼态延续的，它们没有翅膀，看
上去也像是幼虫一样而不是通常人们
所认为的小蜂的样子。这些雄性会与
其他羽化的雌性交配，并最终在成熟
的无花果上钻蛀一个小洞，并逃离出
去，然后死在外面。而新羽化的雌性
也会从雄虫钻蛀的洞中逃生，并在逃
走的时候沾上花粉，然后重复上面的
循环。

　　榕小蜂和无花果之间的关系已经
存在了约 7000 万年，我们可以找到榕
小蜂的化石以及看到它们身上所携带
的无花果花粉，这些都在古代琥珀中
保存得栩栩如生。榕小蜂—无花果的
共生关系是复杂的，涉及数百个物种，
但真正值得注意的是，我们似乎在几
千年前就已经对这种授粉方式就有了

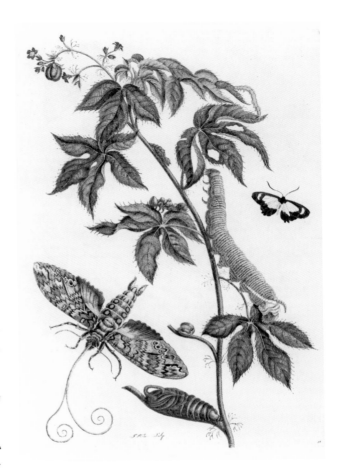

（上图）图中展示的是令人印象深刻的一种传粉昆虫——巨女神天蛾（Cocytius antaeus），它们的翅展可以达到 17.8 厘米，长长的口器可以深达它们宿主植物的管状花中，帮助其授粉。其中包括稀有的幽灵兰（Epipogium aphyllum）。（该图出自玛利亚·西比拉·梅里安荷兰语版的《苏里南昆虫变态发育》）

初步的认识。古希腊作家希罗多德（Herodotus，约公元前 484—公元前 425）
在他的《历史》（Histories）一书中写到，栽培无花果的巴比伦人知道这些果
子如果没有一类"极小的苍蝇"钻进去就无法成熟，而成熟的无花果中有小
虫子在果子中。这些小蜂是如此之小，以至于在缺乏能够放大观察它们的光
学器件的那个年代，很容易将其与小的蠓或其他蝇类所混淆。尽管他们无法
想象这种关系之间的复杂性，也无法知晓产生这种现象的潜在机制，但是古
巴比伦的这些种植者们确实也是敏锐的观察者，他们知道只有通过昆虫介入
才能使得果实成熟。

　　丝兰蛾是丝兰的专性传粉者，也是取食丝兰的植食昆虫之一。丝兰蛾或
许是唯一一个有意为植物授粉的例子。丝兰蛾成虫的喙上有一些特化的部分，

（上图）昆虫与花朵之间亲密的关系是昆虫学著作中常见的主体，例如奥古斯特·约翰·罗森霍夫《昆虫自然史》中第三卷精美着色的扉页，就反映了这一点。

能够收集丝兰花的花粉。这种蛾子会在花的子房钻一个洞，把花粉塞进柱头，从而完成给植物授粉。它们同时也会在植物上产卵，它们的幼虫只吃丝兰花的种子。粗略看来，这样似乎对植物是不利的，因为植物显然也需要种子来繁衍后代。然而，丝兰蛾的幼虫只食用足以维持它们生长发育的种子数量，而不是一颗不剩。这样一来，丝兰蛾和丝兰花就一同分享了收获的果实。如果没有彼此，它们都无法生存。

我们长期以来一直高度重视花卉，花园和园艺相关的书籍，各种园艺协会的存在都证明了我们对花的喜爱。在过去的几个世纪里，许多开创性的昆虫学文献也都围绕这一爱好展开，展示了那些与花卉相关的最大、最美丽的昆虫。从梅里安的昆虫变态发育到爱德华·多诺万的关于中国和印度蝴蝶的著作。图书馆和画廊里也摆满了这样的艺术作品，昆虫和它们的传粉植物和谐地结合。如果你愿意的话，可以认为授粉代表了植物和主要的植食性昆虫间，这场古老战争中的一种缓和形式。通过传粉作用，植物和昆虫成了合作者而不是敌人，随着这种关系的发展，我们的世界也随之繁荣起来。

关于花和昆虫之间的亲密纠葛，还有很多有待发现。尽管这些发现似乎是深奥的，除了极度着迷的园艺家或知识渊博的昆虫学家，没有其他人会感兴趣，但它们都具有深远的影响。我们的生活质量可能取决于探索发现，学习和保护昆虫，这些昆虫或像蓟马一样"无形"，或者像轻轻蜂鸣的熊蜂一样引人注目。探索的途径与昆虫本身一样数不胜数。甚至在我们后院那些看似普通和常见的动物群落，都充满了新的重大发现，有可能是新的物种，又或者是某种新式的昆虫舞蹈、歌声或者某种仪式。昆虫是很重要的，值得一些人花费毕生精力去更全面地了解它们。

　　从事研究生物多样性的昆虫学家很少，但是摆在我们面前的任务却很繁重。许多令人着迷的发现和早先的科学艺术品都是由业余爱好者所完成，如当时所谓的"公民科学家"——一些受过训练的神职人员、充满热情的医生、艺术家和探险家。昆虫学过去和现在这些令人敬畏的成就，很容易激发人们从事研究昆虫学的热情，而这种研究并不是只有少数人在高耸的象牙塔中才享有的特权。

　　昆虫不仅数量上不可胜数，它们的多样性与我们周围的其他生命相比有着如此巨大的差异。正如霍尔丹向他尊贵的同伴——坎特伯雷大主教暗示的那样，昆虫是如此独特——在我们周围围绕的众多生命体中是独特的，在种类繁多的物种中也是独特的，在它们的生命周期中产生的各种行为举止也是独特的。独特并不代表难以理解、无法理解。相反，它们的独特意味着我们应该激励、鼓舞、吸引并呼吁大家积极关注它们。我们人人都可以成为昆虫学家，因为在学习能力和创造力上，我们人类也是不可限量的！

上图展示的是罗伯特·里彭的《鸟翼凤蝶图谱》华丽的扉页。这部作品共分为三卷，涵盖了所有已知的鸟翼蝶及其近缘种类。里彭是伟大的博物学家约翰·韦斯特伍德的学生，他绘制了自己图书内所有的插图，包括这一扉页。

　"生命及其蕴含之力能,

最初由造物主注入寥寥几个或单个类型之中;

当这一行星按照固定的引力法则持续运行之时,

无数最美丽与最奇异的类型,

即是从如此简单的开端演化而来、

并依然在演化之中;

生命如是之观,何等壮丽恢弘!"

——查尔斯·达尔文,《物种起源》

(*On the Origin of Species*,1859)

(下页图) 斯特夫利的《英国昆虫志》的镀金封面。

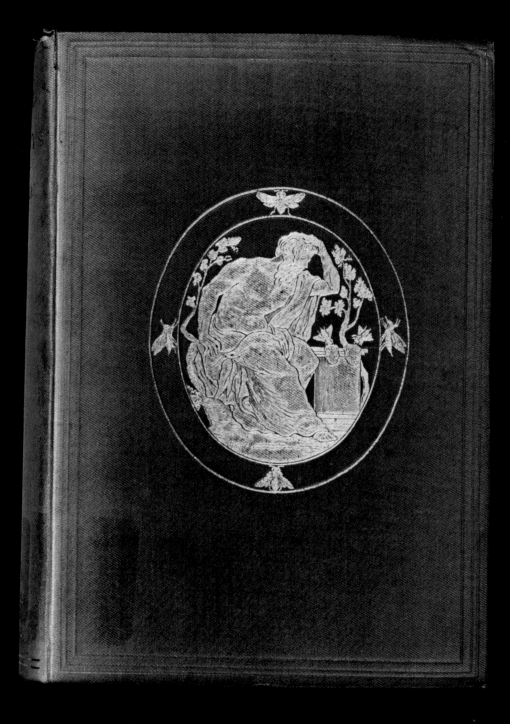

致　谢

献给记忆女神摩涅莫辛涅（Mnemosyne）：

一只蜜蜂，一朵花，一阵蜂鸣声。

这本书的初衷，是想要成为一根细针，将两本看似不同的书交织在一起。一方面，它叙述了昆虫的多样性和演化历程，以及六足动物 4 亿多年的演化史。另一方面，它记录了人类一直以来对昆虫的探索，尽管在某些方面存在空白，但主要突出的是现如今难得一见的那些具有代表性的艺术作品和科学成就。明智的作家会把这些看作截然不同并且不可混淆的故事，读者朋友们则需要自行判断这种强制融会贯通产生的"杂书"是否符合自己的口味。

尽管这本书是我写的，但像这样的工作确实也离不开多方的合作努力。担任美国自然博物馆图书馆服务部哈罗德·伯申斯坦主任的汤姆·拜恩是一位深受众人喜爱，充满智慧并且热心助人的人。他和高级学术图书馆馆员迈·赖特迈尔（Mai Reitmeyer）充满耐心，他们满足了我大量的需求，使得我得以沉浸在他们照料下的巨著里。我还要感谢汤姆为这本书的开头写下了漂亮的前言。馆长兼无脊椎动物学系教授大卫·格里马尔迪（David Grimaldi）慷慨地建议我应该完成这项工作，对于能够愉快地完成此书，我十分感谢他。他们三人，以及纽约城市学院的英语名誉教授瓦莱丽·克里希纳（Valerie Krishna）为我提出了许多富有建设性的意见，如果仍然存在任何的失误则都是我的过失。他们和我在博物馆的其他亲爱的朋友们给予了我巨大的支持，投入了无法估量的时间和精力。杰出的昆虫学家库马尔·克里希纳（Kumar Krishna）和查尔斯·米切纳（Charles Michener）一直陪伴着我，无论是与他们一起为珍贵书卷倾注心血，还是与库马尔、瓦莱丽一起参观伦敦的古董书店，每当脑海里涌现出这些回忆的时候，都足以驱散我的沮丧。

同样特别感谢美国自然博物馆国际商务发展部高级总监莎伦·斯图尔伯格（Sharon Stulberg）、前助理总监伊丽莎白·霍曼（Elizabeth Hormann）、市场经理乔安娜·霍斯特（Joanna Hostert）和业务经理考特尼·爱德华兹（Courtney Edwards），此外，还要感谢吉尔·汉密尔顿（Jill Hamilton）的大力支持。博物馆摄影工作室的资深摄影师罗德里克·米肯斯（Roderick Mickens）在图书保管员芭芭拉·罗德斯（Barbara Rhodes）的协助下，为拍摄本书中的照片花费了无数的时间。感谢斯特林出版社的执行编辑芭芭拉·M. 伯杰（Barbara M. Berger）对我的鼓励，她倾听我对昆虫学的思考，为我排忧解难。感谢为本书设计了出色的封面的副艺术总监斯科特·鲁索（Scott Russo），他也是本书的艺术指导。感谢创意总监乔·奥巴罗夫斯基（Jo Obarowski）和产品经理艾伦·哈德森（Ellen Hudson）。特别感谢 Tandem 书局的阿什丽·普林（Ashley Prine）完成美丽的内页设计以及凯瑟琳·弗曼（Katherine Furman）熟练的文案编辑。感谢我堪萨斯大学的学生和同事，他们分别是生物多样性研究所昆虫系高级标本管理员扎卡里·H. 法森（Zachary H. Falin）、副管理员詹妮弗·C. 托马斯（Jennifer C. Thomas）以及本科生物组人体解剖学实验室主任维克多·H. 冈萨雷思（Victor H. Gonzalez）。当我脱不开身的时候，他们都积极帮我处理各种事情。

我感谢在我自己开始昆虫学研究之前出现的那些作家和艺术家，是他们给我们留下了如此伟大而华丽的作品。他们极大地启迪并激励了我，同时他们的才华、技巧、热情和勇敢让我震惊和钦佩。如果不是因为他们的许多工作，就不会有今天这些故事可讲。

最后，没有任何文字足以感谢家人们对我的宽容、信任和爱。我的爸爸妈妈 A. 普尔（A. Gayle）和唐娜·恩格尔（Donna Engel）一直支持我的痴迷和谅解我经常的缺席。毫不夸张地讲，如果没有他们，这一切工作都不可能完成。我的兄弟姐妹，伊丽莎白（Elisabeth）和杰弗里（Jeffrey）忍受着我尘土飞扬的书和所有与虫子相关的东西，而我的侄子、侄女格蕾丝（Grace）、凯特（Kate）、里奥（Leo）、艾萨克（Isaac）以及整个大家庭一直是我快乐的源泉，在疲惫难熬的日子里让我的灵魂得以恢复活力。最重要的是，我要感谢我的妻子凯莉 Kellie。在无数个深夜和漫长的白日里，她协助我寻找晦涩难懂的历史资料，阅读和编辑文本，并在我创造力和精力最弱的时候仍保持高昂的情绪。可以说，如果没有她的坚定信念和帮助，我的努力将是徒劳的。对于她和我整个家庭，我想表示自己最诚挚的谢意。

推荐阅读

Buchmann, Stephen L., and Gary P. Nabhan. *The Forgotten Pollinators*. Washington, DC: Island Press, 1996.

Dethier, Vincent G. *Crickets and Katydids, Concerts and Solos*. Cambridge, MA: Harvard University Press, 1992.

Eisner, Thomas. *For Love of Insects*. Cambridge, MA: Belknap Press, 2003.

Grimaldi, David, and Michael S. Engel. *Evolution of the Insects*. Cambridge, UK: Cambridge University Press, 2005.

Hoyt, Erich, and Ted Schultz. *Insect Lives: Stories of Mystery and Romance from a Hidden World*. New York: John Wiley & Sons, 1999.

Marshall, Stephen A. *Insects: Their Natural History and Diversity—With a Photographic Guide to Insects of Eastern North America*. Richmond Hill, ON: Firefly Books, 2006.

Seeley, Thomas D. *Following the Wild Bees: The Craft and Science of Bee Hunting*. Princeton, NJ: Princeton University Press, 2016.

Shaw, Scott R. *Planet of the Bugs: Evolution and the Rise of Insects*. Chicago: University of Chicago Press, 2014.

Wilson, Edward O. *The Diversity of Life*. Cambridge, MA: Belknap Press, 1994.

Zinsser, H. *Rats, Lice and History: A Chronicle of Pestilence and Plagues*. Boston: Little, Brown, 1935.

参考文献

Aldrovandi, Ulisse. *De Animalibus Insectis: Libri Septem cum Singulorum Iconibus ad Vivum Expressis.* Bologna: Apud Clementem Ferronium, 1638 (1602).

Audouin, Jean Victor. *Histoire naturelle des insectes, traitant de leur organisation et de leurs moeurs en general.* Paris: F. D. Pillot, 1834.

Bates, Henry W. "Contributions to an Insect Fauna of the Amazon Valley. Lepidoptera: Heliconidae." *Transactions of the Linnean Society of London*, vol. 23. London: Taylor and Francis, 1862 (1791–1875).

Biologia Centrali-Americana. Insecta. Coleoptera. London: Published for the editors by R. H. Porter, 1880–1911.

Biologia Centrali-Americana. Insecta. Diptera. London: Published for the editors by R. H. Porter, 1886–1903.

Biologia Centrali-Americana. Insecta. Lepidoptera-Heterocera [. . .] London: Published for the editors by R. H. Porter, 1881–1900.

Biologia Centrali-Americana. Insecta. Neuroptera. Ephemeridae. London: Published for the editors by Dulau, 1892–1908.

Biologia Centrali-Americana. Insecta. Orthoptera. London: Published for the editors by R. H. Porter, 1893–1909.

Biologia Centrali-Americana. Insecta. Rhynchota. Hemiptera-Homoptera. London: Published for the editors by Dulau, 1881–1909.

Butler, Charles. *The Feminine Monarchie, or the Historie of Bees. Shewing Their Admirable Nature, and Properties; Their Generation, and Colonies, Their Government, Loyaltie, Art, Industrie, Enimies, Warres, Magnanimitie, &c. Together with the Right Ordering of Them from Time to Time: and the Sweet Profit Arising Thereof.* Oxford: Printed by William Turner, for the author, 1634 (1609).

Curtis, John. *British Entomology; Being Illustrations and Descriptions of the Genera of Insects Found in Great Britain and Ireland: Containing Coloured Figures from Nature of the Most Rare and Beautiful Species, and in Many Instances of the Plants upon Which They Are Found.* London: Printed for the author and sold by E. Ellis, 1823–1840.

Cuvier, Georges. *Le règne animal distribué d'après son organisation: pour servir de base à l'histoire naturelle des animaux et d'introduction à l'anatomie comparée.* Paris: Fortin, Masson et cie, 1836–1849.

Darwin, Charles. *The Various Contrivances by Which Orchids Are Fertilised by Insects*. New York: D. Appleton, 1895 (1862).

Denny, Henry. *Monographia Anoplurorum Britanniae; or, An Essay on the British Species of Parasitic Insects Belonging to the Order of Anoplura of Leach, with the Modern Divisions of the Genera According to the Views of Leach, Nitzsch, and Burmeister, with Highly Magnified Figures of Each Species*. London: H. G. Bohn, 1842.

Donavan, Edward. *Natural History of the Insects of China*. London: R. Havell and H. G. Bohn, 1838.

———. *Natural History of the Insects of India*. London: R. Havell and H. G. Bohn, 1838.

Drury, Dru. *Illustrations of Exotic Entomology, Containing Upwards of Six Hundred and Fifty Figures and Descriptions of Foreign Insects, Interspersed with Remarks and Reflections on Their Nature and Properties*. London: H. G. Bohn, 1837.

Dumont d'Urville, Jules-Sébastien-César. *Voyage au pôle Sud et et dans l'Océanie sur les corvettes l'Astrolabe et la Zélée, exécuté par ordre du roi pendant les années 1837–1838–1839–1840, sous le commandement de m. J. Dumont d'Urville, capitaine de vaisseau, publié par ordonnance de Sa Majesté sous la direction supérieure de m. Jacquinot, capitaine de vaisseau, commandant de la Zélée* [. . .] Paris: Gide, 1842–1854.

Ehrenberg, Christian Gottfried. *Symbolae Physicae, seu, Icones et Descriptiones Corporum Naturalium Novorum aut Minus Cognitorum, Quae ex Itineribus per Libyam, Aegyptum, Nubiam, Dongalam, Syriam, Arabiam et Habessiniam* [. . .] Berlin: Mittlero, 1828–1845.

Forel, Auguste. *Histoire physique, naturelle et politique de Madagascar, Hymenoptères. Les Formicides*. Paris: Imprimerie nationale, 1891.

Forsskål, Peter. *Descriptiones Animalium, Avium, Amphibiorum, Piscium, Insectorum, Vermium; Quae in Itinere Orientali Observavit Petrus Forskål*. Copenhagen: Mölleri, 1775.

———. *Flora Aegyptiaco-Arabica: Sive Descriptiones Plantarum, quas per Egyptum Inferiorem et Arabiam Felicem Detexit, Illustravit Petrus Forskål . . . Post Mortem Auctoris Edidit Carsten Niebuhr. Accedit Tabula Arabiae Felicis Geographico-Botanica*. Copenhagen: Mölleri, 1775.

Gerstaecker, Carl Eduard Adolph. *Baron Carl Claus von der Decken's Reisen in Ost-Afrika in den Jahren 1859 bis 1865. Dritter Band. Wissenschaftlich Ergebnisse. Gliederthiere (Insekten, Arachniden, Myriapoden und Isopoden)*. Leipzig and Heidelberg: C. F. Winter, 1873 (1869–1879).

Giglio-Tos, Ermanno. "Sulla posizione sistematica del gen. *Cylindracheta* Kirby." *Annali del Museo civico di storia naturale di Genova*. Genoa: Tip. del R. Istituto Sordo-Muti, 1914 (1870–1914).

Guérin-Méneville, Félix-Edouard. *Iconographie du règne animal de G. Cuvier; ou, Représentation* d'après nature de l'une des espèces les plus remarquables, et souvent non encore figurées, de chaque genre d'animaux: avec un texte descriptif mis au courant de la science: ouvrage pouvant servir d'atlas à tous les traités de zoologie. Paris: J. B. Baillière, 1829–1844.

Haeckel, Ernst. *Generelle Morphologie der Organismen: Allgemeine Grundzüge der organischen Formen-Wissenschaft, mechanisch begründet durch die von Charles Darwin reformirte Descendenz-Theorie.* Berlin: G. Reimer, 1866.

Haviland, George D. "Observations on Termites; with Descriptions of New Species." *The Journal of the Linnean Society of London. Zoology*, vol. 26. London: Academic Press, 1898.

Hoefnagel, Jacob. *Diversae Insectarum Volatilium Icones.* [Amsterdam?]: N. I. Visscher, 1630.

Hooke, Robert. *Micrographia: or, Some Physiological Descriptions of Minute Bodies Made by Magnifying Glasses. With Observations and Inquiries Thereupon.* London: Printed for J. Allestry, printer to the Royal Society, 1667.

Horne, Charles, and Frederick Smith. "Notes on the Habits of Some Hymenopterous Insects from the North-West Provinces of India. With an Appendix, Containing Description of Some New Species of Apidae and Vespidae Collected by Mr. Horne." *Transactions of the Zoological Society of London*, vol. 7. London: Longmans, Green, Reader and Dyer, 1870.

Huber, François. *Nouvelles observations sur les abeilles adressées à M. Charles Bonne*t. Paris: J. J. Paschoud, 1814 (1792).

Jardine, William, ed., *Bees. Comprehending the Uses and Economical Management of the Honey-Bee of Britain and Other Countries, Together with Descriptions of the Known Wild Species.* London: H. G. Bohn, [1846?].

Lepeletier, Amédée Louis Michel, comte de Saint Fargeau. *Histoire naturelle des insectes. Hyménoptères.* Paris, Librairie encyclopédique de Roret, 1836–1846.

Kirby, W. F. *European Butterflies and Moths.* London: Cassell, 1889 (1882).

Linnaeus, Carl. *Systema Naturae per Regna Tria Naturae, Secundum Classes, Ordines, Genera, Species, cum Characteribus, Differentiis, Synonymis, Locis.* Stockholm: Impensis L. Salvii, 1758.

Lubbock, John. *Monograph of the Collembola and Thysanura.* London: Printed for the Ray Society, 1873.

Merian, Maria Sibylla. *Histoire des insectes de l'Europe.* Amsterdam: Jean Frederic Bernard, 1730.

———. *Over de voortteeling wonderbaerlyke veranderingen der Surinaemsche insecten.* Amsterdam: Joannes Oosterwyk, 1719.

Moffet, Thomas. *Insectorum sive Minimorum Animalium Theatrum.* London: T. Cotes, 1634.

Olivier, M. *Encyclopédie méthodique. Histoire naturelle.* Vol. 4–10, *Insectes.* Paris: Panckoucke,

1811 (1789–1828).

Panzer, Georg Wolfgang Franz. *Deutschlands Insectenfaune.* Nürnberg: Felseckerschen
    Buchhandlung, 1795.

Parkinson, John. "Description of the *Phasma dilatatum.*" *Transactions of the Linnean Society*, vol. 4.
    London: [The Society], 1798 (1791–1875).

Ratzeburg, Julius T. C. *Die Forst-Insecten oder Abbildung und Beschreibung der in den Wäldern
    Preussens und der Nachbarstaaten als schädlich oder nützlich bekannt gewordenen Insecten; in
    systematischer Folge und mit besonderer Rücksicht auf die Vertilgung der Schädlichen.* Berlin,
    Nicolai'sche buchhandlung, 1839–1844.

Ray, John. *Historia Insectorum.* London: Impensis A. & J. Churchill, 1710.

Rippon, Robert H. F. *Icones Ornithopterorum: A Monograph of the Papilionine Tribe Troides
    of Hubner, or Ornithoptera (Bird-Wing Butterflies) of Boisduval.* London: R. H. F. Rippon,
    1898–[1907?].

Rösel von Rosenhof, August Johann. *Der monatlich-herausgegebenen Insecten-Belustigung erster
    [-vierter] Theil: in welchem die in sechs Classen eingetheilte Papilionen mit ihrem Ursprung,
    Verwandlung und allen wunderbaren Eigenschaften, aus eigener Erfahrung beschrieben, . . .
    nach dem Leben abgebildet, vorgestellet warden.* Nuremberg: Röselischen Erben, 1746–1761.

————. *De natuurlyke historie der insecten; voorzien met naar 't leven getekende en gekoleurde
    plaaten.* Amsterdam: C. H. Bohn and H. de Wit, 1764–1768.

Rothschild, Jules, ed. *Musée entomologique illustré: histoire naturelle iconographique des insects.*
    Paris: J. Rothschild, 1876 (–1878).

Saussure, Henri de. *Études sur les myriapodes et les insects.* Paris: Imprimerie impériale, 1870.

————. *Histoire physique, naturelle et politique de Madagascar, Hymenoptères.* Paris: Imprimerie
    nationale, [1890?].

————. *Histoire physique, naturelle et politique de Madagascar, Orthoptères.* Paris: Imprimerie
    nationale, 1895.

Say, Thomas. *American Entomology, or Descriptions of the Insects of North America.* Philadelphia:
    Philadelphia Museum, S. A. Mitchell, (1824–) 1828.

Smeathman, Henry. *Some Account of the Termites Which Are Found in Africa and Other Hot
    Climates.* London: Printed by J. Nichols, 1781.

Snodgrass, Robert Evans. *The Thorax of Insects and the Articulation of the Wings. Proceedings of
    the United States National Museum*, vol. xxxvi. Washington, DC: Government Printing Office,
    1909.

Southall, John. *Treatise of Buggs: Shewing When and How They Were First Brought into England.*

How They Are Brought into and Infect Houses. Their Nature, Several Foods, Times and Manner of Spawning and Propagating in This Climate [. . .]. London: J. Roberts, 1730.

Staveley, E. F. *British Insects: A Familiar Description of the Form, Structure, Habits, and Transformations of Insects*. London: L. Reeve, 1871.

Stelluti, Francesco. *Persio tradotto in verso sciolto e dichiarato da Francesco Stelluti*. Rome: G. Mascardi, 1630.

Swammerdam, Jan. *Historia Insectorum Generalis, in qua Quaecunque ad Insecta Eorumque Mutationes Spectant, Dilucide ex Sanioris Philosophiae & Experientiae Principiis Explicantur*. Leiden: Apud Jordanum Luchtmans, 1685 (1669).

Vincent, Levinus. *Wondertooneel der nature geopent in eene korte beschryvinge der hoofddeelen van de byzondere zeldsaamheden daar in begrepen: in orde gebragt en bewaart*. Amsterdam: F. Halma, 1706–1715.

Walckenaer, Charles Athanase. *Histoire naturelle des insectes. Aptères*. Paris, Librairie encyclopédique de Roret, 1837 (–1847).

Westwood, John O. *Arcana Entomologica; or, Illustrations of New, Rare, and Interesting Insects*. London, W. Smith, 1845.

———. *The Cabinet of Oriental Entomology; Being a Selection of Some of the Rarer and More Beautiful Species of Insects, Natives of India and the Adjacent Islands, the Greater Portion of Which Are Now for the First Time Described and Figured*. London, W. Smith, 1848.

———. *An Introduction to the Modern Classification of Insects; Founded on the Natural Habits and Corresponding Organisation of the Different Families*. London, Longman, Orme, Brown, Green, and Longmans, 1839–1840.